「Arduino ライブラリ」
で作る
電子工作

アルドゥイーノ

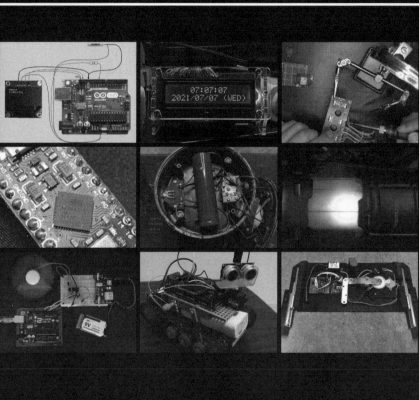

はじめに

　「Arduino」は、趣味の電子工作から研究開発まで幅広い領域で使われているマイコンボードです。

　比較的安価に購入でき、開発環境も無料で利用できるため、初めて触れる人にも取っつきやすいマイコンとなっています。
　また、プログラミングに使う言語がシンプルな上に、「ライブラリ」も充実しているので、望んだ動作を実現するための、コーディングの手間が軽くすむのも特徴です。

　「Arduino」を使えば、製作過程そのものを楽しむ娯楽的な作品だけでなく、日常の道具として役に立つ作品も手軽に作ることもできます。

　本書は、「温度計」や「時計」「電動格納式の助手席用車載テーブル」など、「Arduino」を使った実用的な作品の作り方を、ネット上のブログの記事から抜き出してまとめたものです。

　本書の各記事のアイデアは、Arduino電子工作を日常に役立てるのに大いに参考になるでしょう。

「Arduinoライブラリ」で作る電子工作

CONTENTS

第1章

温度計を作る

■吉田伸三

「Arduino」と「温度センサ」をつないで、温度計を作ってみましょう。
「Arduino」のライブラリを利用することで、プログラムも比較的
簡単に作れます。

サイト名	「電子クラブ」
URL	https://www.denshi.club/
記事名※	「Arduino夏休み＜架空＞ワークショップ「温度計を作る」 パーツの選定」
	「Arduino夏休み＜架空＞ワークショップ「温度計を作る」 Arduino IDEの準備」
	「Arduino夏休み＜架空＞ワークショップ「温度計を作る」 温度を測る」

温度計

1-1 パーツの選定

気象庁の発表する気温は、「百葉箱」に入った温度計の値を記録したものです。「百葉箱」は、風通しのいい場所に建てられています。

ですから、夏、屋外の日が当たるところに出ると、「気象庁の言っている温度とはまったく違うね」と感じます。

…と、文句を言うよりも、実際に日差しが当たっている場所の温度を測ってみましょう。

■「Arduino UNO」を使う

マイコン・ボードの「Arduino UNO」を入手します。

これは10年ぐらい前から、電子工作ではスタンダードな「マイコン・ボード」です。

ソフトの開発は、無償で利用できる、「Arduino IDE」をダウンロードして利用します。

Amazonで「純正」を探すと、これが見つかりました（「純正」以外でも問題はないのですが）。

Arduino UNO R3

正式名称は、「**Arduino UNO Rev3**」です。
「PC」と接続するのに「USBケーブル」が必要となります。

写真で分かるように、コネクタは、最近ほとんど見ない、「USB2.0 Type-B メス」です。

■「温度センサ」は入手しやすい

Amazonで、「温度センサ　Arduino」で検索した、最初のページの表示です。

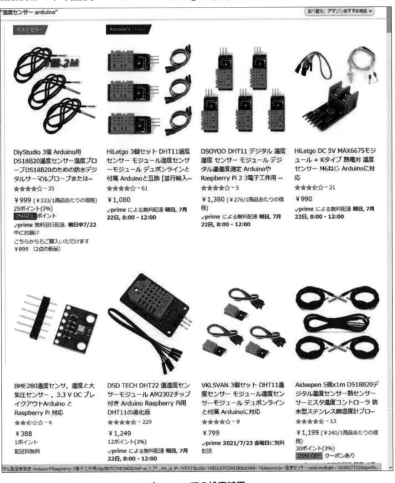

Amazonでの検索結果

・防水タイプの「DS18B20」
・温湿度センサ「DHT11」
・100℃以上も測れる熱電対用
・台風接近の気圧変化も測れる「BMP280」

などが表示されました。

　ここでは、2mのケーブルがついている、「DS18B20」を選択します。
　「prime」の表示があるのは、国内配送です。
　そうでないものは、多くは中国からの発送になるので、2～4週間待つことになります。

■ハンダ付けはする

　センサ「DS18B20」の出力は3本のリード線が剥き出しになっています。

　これを「Arduino UNO」のコネクタに取り付けないといけません。

「Arduino UNO」のコネクタ

「ジャンパ・ピン」の「オス」が必要です。

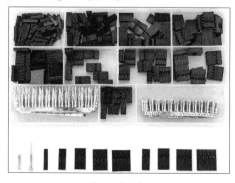

ジャンパ・ピン

必要なのは3つだけですが、たくさん入っています。
さらに「圧着工具」が必要です。

そこで、出来合いのものを購入します。
「オス・メス」で、長さは15～20cmぐらいです。

ジャンパ・ワイヤ

このケーブルを割いて3本独立させ、ケーブルの真ん中付近でカットします。

(1) ニッパーで被覆を剥き、(2) センサのケーブルとよじり、(3) ハンダ付けをして、(4) テープでその周りをグルグルと巻いて絶縁します。

ハンダ付けをせず、「銅線」をより合わせて、「テープ」で巻くだけでも数日なら接触しているかもしれませんが、お勧めはしません（後述のColumnを参照）。

■外に持ち出しても「温度」が表示できるようにする

「I2Cインターフェイス」でつなぐ、「OLEDディスプレイ」を入手します。

OLEDディスプレイ（HiLetgoの3-01-1234-IIC-W）

Column お勧めしない方法

| 手　順 | ハンダ付けせずに銅線をより合わせる（お勧めしない） |

[1] センサのリード線の被覆を15mmほど剥く。

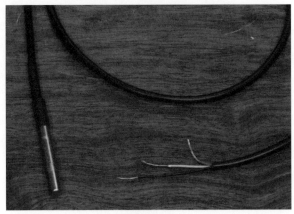

被覆を剥く

[2] 「ジャンパ・ワイヤ」の被覆を剥いて、より合わせる。

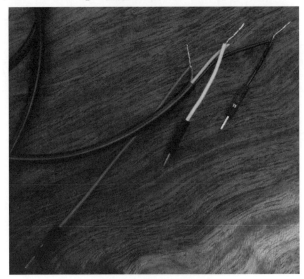

中身の銅線をより合わせる

[3]「信号線」（実物は黄色）と「電源」（赤色）の間に4.7kΩ（1/4W）の抵抗を、より合わせる

抵抗をより合わせる

[4] しっかりと「テープ」で巻く

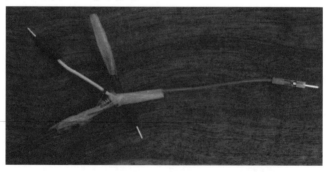

「テープ」で巻く

*

実際に繋ぐときの配線図です。

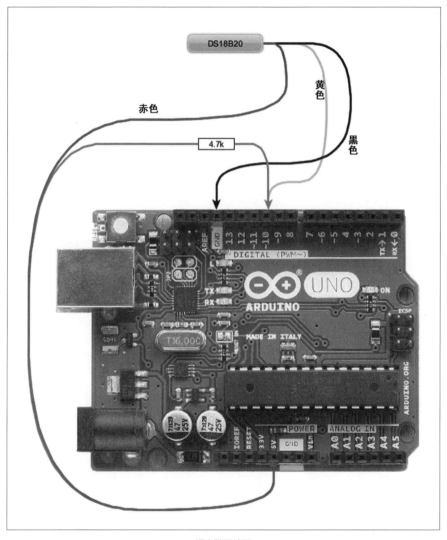

温度計配線図

*

忘れていましたが、4.7kΩの「抵抗」はどうしましょう。

1/4W=0.25Wですが、1Wや2Wでも問題なく使えます (というか、逆に1/6WでもOKです)。

1-2 「Arduino IDE」の準備

プログラムを作る「開発ツール」の「**Arduino IDE**」の準備をします。
執筆時のバージョンは、「1.8.15」です。

下記のサイトへ行きます。

Arduino 公式サイト
https://www.arduino.cc/

メニューの「SOFTWARE」をクリックします。

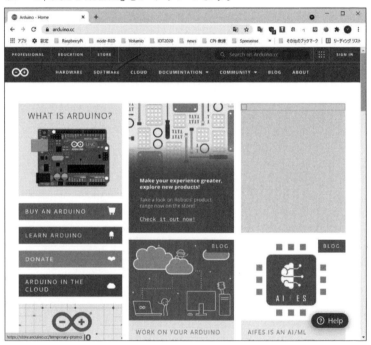

ページ上部の「SOFTWARE」をクリック

OSに合わせてダウンロードします。
Windows用は3種類ありますが、どれでもかまいません。

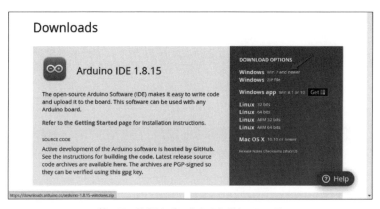

使っているOSに合ったものをダウンロード

　次の画面が出ますが、「JUST DOWNLOAD」をクリックすると、この画面をスキップできます。
　もちろん、寄付をしてもいいです。

寄付金の募集画面は「JUST DOWNLOAD」で飛ばせる

ダウンロードしたファイルをもとに、インストールします。

■「Arduino IDE」を立ち上げる

インストールしたら、起動します。

起動した「Arduino IDE」

　文字の大きさなどを利用者に合わせて設定する前に、以下の2つの設定が必要です。

・利用する「マイコン・ボード」
・通信する「シリアルポート」

手 順 「マイコン・ボード」と「シリアルポート」の設定

[1] 最初に「Arduino UNOボード」を選択します。

　メニューのツールから、「ボード：×××」を選択すると、右に「ボード・マネージャ」が出ます。

　本当の初期状態なら、画面右端のように「Arduino ×××」という表示が"ズラッ"と見えるので、「Arduino UNO」を選びます。

　筆者が使っているPCには「ESP32」というボードをインストールしてあるので、「ボード・マネージャ」の下に「Arduino AVR Boards」と「ESP32 Arduino」の2つのメニューが見えています。
　ここの部分は、いろいろなボードを追加していくと、もっと複雑な階層構造になっていきます。

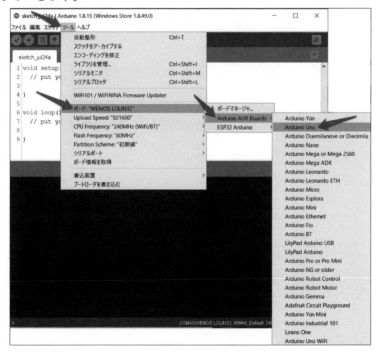

「マイコン・ボード」を選択

　ボードを選択したら、同じソースやライブラリでも、マイコンに合わせたコンパイラが起動するようになります。

[2] 次に、「Arduino UNO ボード」を、USBケーブルでPCと繋ぎます。

[3] メニューの「ツール」から、「シリアルポート」を選び、ここでは「COM5」を選択します。
　PCによって「COM x」は異なります。

　繋いでいるのは「USBケーブル」ですが、コンパイルがすんだ「実行プログラム」は、この「COMポート」を通してアップロードされ、「マイコン」に書き込まれ、リセットがかかり、実行されます。

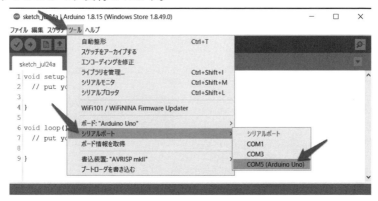

「シリアルポート」を選択

1-3 「温度」を測る

「Arduino IDE」がインストールできたら、プログラム(Arduinoではスケッチという)を書いていきます。

ほぼ「C」もしくは「C++言語」です。

■温度を測る

温度センサ「DS18B20」のライブラリを導入します。

手 順 「DS18B20」のライブラリの導入

[1] メニューのツールから、「ライブラリを管理」を選択します。

「ライブラリを管理」を選ぶ

「ライブラリ・マネージャ」が立ち上がります。

[2] 検索欄に「DS18B20」と入れて、少し経つと検索結果が出ます。

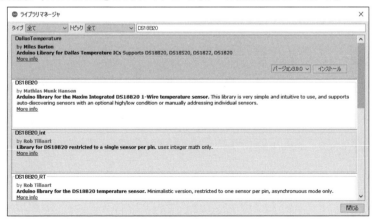

「DS18B20」の検索結果

[3] たくさんあるので、どれでもいいのですが、いちばん上の「DallasTemperature」の右端にある「インストール」をクリックします。

すると、途中で、次のパネルが出ます。
「別のライブラリ「ONEWIRE」も一緒にインストールするか」と聞かれるので、そうします。

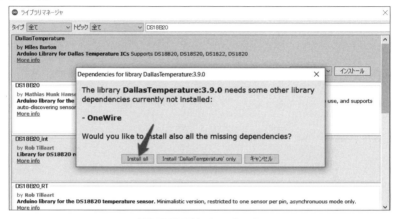

「ONEWIRE」もインストール

＊

「Dallas」というのは、このセンサを最初に作った半導体の会社の名前です。

通信プロトコルの「ONEWIRE」(1-wire)もこの会社が作りましたが、その後、「マキシム」に買収されました。

現在では、「マキシム」も「アナログ・デバイセズ」に買収されました。

＊

ライブラリは、サンプルとともにインストールされます。

■「サンプル・スケッチ」の導入

手 順 「サンプル・スケッチ」を導入する

[1] メニューのファイルから、「スケッチ例」⇒「Onewire」⇒「DS18x20_ Temperature」を選択します。

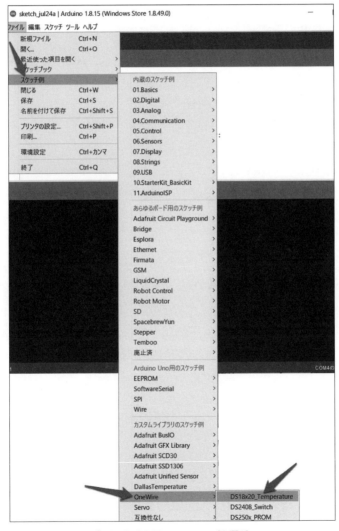

「DS18x20_Temperature」を選ぶ

[2] アイコンの矢印をクリックしてコンパイルします。

[3] コンパイルが終わると、マイコンへ書き込みをします。

　下の青い帯の部分に「ボードへの書き込みが完了しました」という表示が出たら、右上のシリアル・モニタのアイコン(虫眼鏡)をクリックします。

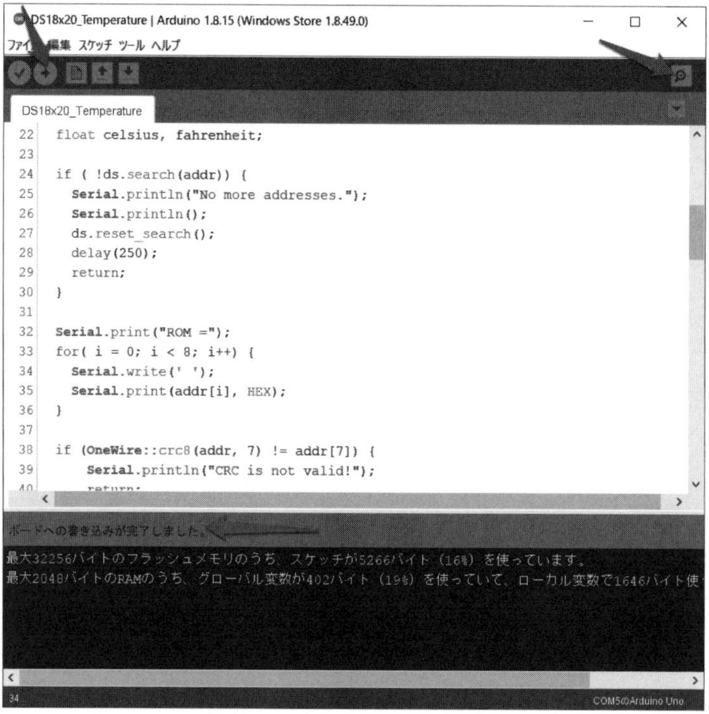

「シリアル・モニタ」の「虫眼鏡」アイコンをクリック

＊

「シリアル・モニタ」は、デフォルトの通信速度が「9600bps」です。
スケッチの中でも9600になっていれば、そのまま出力を見ることができます。

「シリアル・モニタ」に表示されている「ROM」は、センサ固有のアドレスです。
複数つながっていれば、探し出してくれます。

必要な情報は、「Temperature　28.50　Celsius」です。

つまり「摂氏28.5度」です。

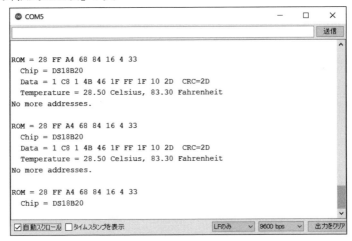

```
COM5                                          ─   □   ×

                                                   送信

ROM = 28 FF A4 68 84 16 4 33
  Chip = DS18B20
  Data = 1 C8 1 4B 46 1F FF 1F 10 2D  CRC=2D
  Temperature = 28.50 Celsius, 83.30 Fahrenheit
No more addresses.

ROM = 28 FF A4 68 84 16 4 33
  Chip = DS18B20
  Data = 1 C8 1 4B 46 1F FF 1F 10 2D  CRC=2D
  Temperature = 28.50 Celsius, 83.30 Fahrenheit
No more addresses.

ROM = 28 FF A4 68 84 16 4 33
  Chip = DS18B20

☑自動スクロール □タイムスタンプを表示        LFのみ  9600 bps   出力をクリア
```

「Temperature　28.50　Celsius」が表示される

*

「1-wire」のプロトコルは単純ではありません。

ライブラリを使わずに自分でスケッチを書くのは、とても大変です。

■「OLEDディスプレイ」をつなぐ

　Amazonで購入した「OLEDディスプレイ」(I2Cインターフェイス)を、「Arduino UNO」につなぎます。

手 順　「OLEDディスプレイ」と接続する

[1]「ピンヘッダ」をハンダ付けしてから「メス-オス」タイプの「ジャンパ・ピン」で配線します。

　ハンダ付けをしなくても、次の「ジャンパ・ピン」で接続できます。

サンハヤト スルホール用テストワイヤ TTW-200

OLEDディスプレイ	Arduino UNO
GND	GND
Vcc	3.3V
SCL	SCL
SDA	SDA

[2] ライブラリを導入します。

検索欄に「SSD1306」と入力して、出てきた「Adafruit SSD1306」をインストールします。

途中で、前出のようにパネルが出て、別のライブラリも一緒にインストールするか聞かれるので、そうします。

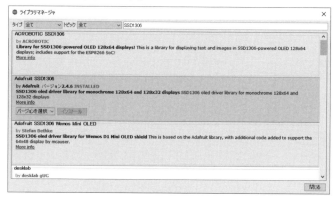

別のライブラリも一緒にインストール

[3] サンプル「ssd1306_128x32_i2C」を読み込みます。

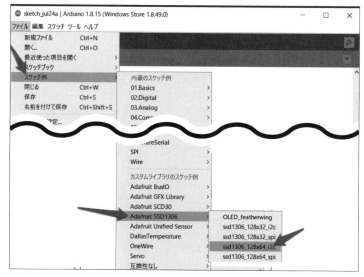

「ssd1306_128x32_i2C」を読み込む

[4] コンパイルして実行します。

接続成功

■合体

温度を測る「DS18x20_Temperature」から、表示部分の「ssd1306_128x32_i2C」に必要な部分を抜き出し、摂氏の温度だけを表示するように合体しました。

温度表示プログラム(Arduino言語)

```
#include <OneWire.h>
#include <Wire.h>
#include <Adafruit_GFX.h>
#include <Adafruit_SSD1306.h>

#define SCREEN_WIDTH 128 // OLED display width, in pixels
#define SCREEN_HEIGHT 32 // OLED display height, in pixels


// OneWire DS18S20, DS18B20, DS1822 Temperature Example
// http://www.pjrc.com/teensy/td_libs_OneWire.html
// The DallasTemperature library can do all this work for
you!
```

```
// https://github.com/milesburton/Arduino-Temperature-
Control-Library

OneWire  ds(10);  // on pin 10 (a 4.7K resistor is
necessary)

#define OLED_RESET      4 // Reset pin # (or -1 if sharing
Arduino reset pin)
#define SCREEN_ADDRESS 0x3C ///< See datasheet for Address;
0x3D for 128x64, 0x3C for 128x32
Adafruit_SSD1306 display(SCREEN_WIDTH, SCREEN_HEIGHT,
&Wire, OLED_RESET);

#define NUMFLAKES      10 // Number of snowflakes in the
animation example

void setup(void) {
  Serial.begin(9600);
  // SSD1306_SWITCHCAPVCC = generate display voltage from
3.3V internally
  if(!display.begin(SSD1306_SWITCHCAPVCC, SCREEN_ADDRESS)) {
    Serial.println(F("SSD1306 allocation failed"));
    for(;;); // Don't proceed, loop forever
  }
}

void loop(void) {
  byte i;
  byte present = 0;
  byte type_s;
  byte data[12];
  byte addr[8];
  float celsius, fahrenheit;

  if ( !ds.search(addr)) {
    Serial.println("No more addresses.");
    Serial.println();
    ds.reset_search();
    delay(250);
    return;
  }
```

```
  display.display();
  delay(2000); // Pause for 2 seconds

  // Clear the buffer
  display.clearDisplay();

  Serial.print("ROM =");
  for( i = 0; i < 8; i++) {
    Serial.write(' ');
    Serial.print(addr[i], HEX);
  }

  if (OneWire::crc8(addr, 7) != addr[7]) {
      Serial.println("CRC is not valid!");
      return;
  }
  Serial.println();

  // the first ROM byte indicates which chip
  switch (addr[0]) {
    case 0x10:
      Serial.println("  Chip = DS18S20");  // or old DS1820
      type_s = 1;
      break;
    case 0x28:
      Serial.println("  Chip = DS18B20");
      type_s = 0;
      break;
    case 0x22:
      Serial.println("  Chip = DS1822");
      type_s = 0;
      break;
    default:
      Serial.println("Device is not a DS18x20 family
device.");
      return;
  }

  ds.reset();
  ds.select(addr);
```

```
  ds.write(0x44, 1);        // start conversion, with
parasite power on at the end

  delay(1000);      // maybe 750ms is enough, maybe not
  // we might do a ds.depower() here, but the reset will
take care of it.

  present = ds.reset();
  ds.select(addr);
  ds.write(0xBE);           // Read Scratchpad

  Serial.print("  Data = ");
  Serial.print(present, HEX);
  Serial.print(" ");
  for ( i = 0; i < 9; i++) {          // we need 9 bytes
    data[i] = ds.read();
    Serial.print(data[i], HEX);
    Serial.print(" ");
  }
  Serial.print(" CRC=");
  Serial.print(OneWire::crc8(data, 8), HEX);
  Serial.println();

  // Convert the data to actual temperature
  // because the result is a 16 bit signed integer, it
should
  // be stored to an "int16_t" type, which is always 16
bits
  // even when compiled on a 32 bit processor.
  int16_t raw = (data[1] << 8) | data[0];
  if (type_s) {
    raw = raw << 3; // 9 bit resolution default
    if (data[7] == 0x10) {
      // "count remain" gives full 12 bit resolution
      raw = (raw & 0xFFF0) + 12 - data[6];
    }
  } else {
    byte cfg = (data[4] & 0x60);
    // at lower res, the low bits are undefined, so let's
zero them
    if (cfg == 0x00) raw = raw & ~7;  // 9 bit resolution,
```

```
93.75 ms
    else if (cfg == 0x20) raw = raw & ~3; // 10 bit res,
187.5 ms
    else if (cfg == 0x40) raw = raw & ~1; // 11 bit res,
375 ms
    //// default is 12 bit resolution, 750 ms conversion
time
  }
  celsius = (float)raw / 16.0;
  fahrenheit = celsius * 1.8 + 32.0;
  Serial.print(" Temperature = ");
  Serial.print(celsius);
  Serial.print(" Celsius, ");
  Serial.print(fahrenheit);
  Serial.println(" Fahrenheit");

    display.setTextSize(2); // Draw 2X-scale text
  display.setTextColor(SSD1306_WHITE);
  display.setCursor(10, 0);
  display.println(celsius);
  display.display();          // Show initial text
  delay(100);
}
```

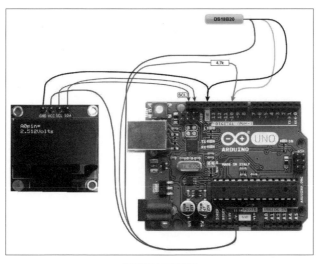

「温度計」の配線図

＊

　USBポートをもつ「充電器」を、USBケーブルで「Arduino IDE」につなぎ、「温度」を表示しました。

　持ち運びができます。

完成した「温度計」

※章扉の記事名は可読性のために一部省略している。正確な記事名は、上から順に以下の通り。

「Arduino夏休み＜架空＞ワークショップ②「温度計を作る」　3回で読み切りの1回目 パーツの選定」
「Arduino夏休み＜架空＞ワークショップ②「温度計を作る」　3回で読み切りの2回目 Arduino IDEの準備」
「Arduino夏休み＜架空＞ワークショップ②「温度計を作る」　3回で読み切りの最後 温度を測る」

第2章

「GPS時計」を作る

■できるもん

こんにちは。

在宅時間が増えてきていると思いますが、お家でも楽しくお過ごしですか？

私は、アウトドアで過ごす予定がたてられない日々が続いていましたが、「そんなときこそ、キャンプでも使えるガジェットを自作すべき！」ということで、「在宅勤務」でも「アウトドア」でも使えて、いつでも正確な時間を教えてくれる時計を作ってみました。

サイト名	「ソロでたのしむ」
URL	https://www.solocamptouring.com/
記事名	「いつでも正確な時計を自作。GPSからの情報を秒単位で表示します」

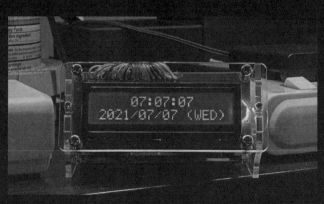

GPS時計

2-1 マイコン「Arduino」は難しくない

最初に、「デジタル時計なんて自作できるのか？」という問題について、少しだけ私の所感を紹介させていただきます。

「マイコンを使う工作なんて、難しすぎて無理だろう」と思っていた私が「Arduino」に出会ったのは、数年前です。

そのころすでに、日本語でArduinoの使い方を紹介されているサイトなどがありましたが、専門用語が多くて少し難解だったり、応用しづらかったりして、「やはり基礎知識がないと無理かな？」と、最初は思いました。

海外のサイトからも情報を得たりしながら、いろいろ作ることに成功した現在、結論を言うと、**「基本的なエクセルの関数計算を使うことができるなら、難しくない！」**です。

Arduinoの場合は、プログラムのことを「スケッチ」と呼びますが、「スケッチを描くのと同じくらい簡単ですよ！」ということです。

表計算ソフトのエクセルで、「もし○○ならば、△△を計算（実行）」の関数を使ったことがあれば、Arduinoスケッチの8割くらいは理解できると思います。

実際に私は、「if〜else〜」の命令文を乱用して、スケッチを作っています。

残りは、数字の種類（整数、桁数）などを少し勉強すれば、だいたい理解できました。

一つ作品を成功させると、可能性が無限に広がったような気持ちになって、何かを表示するだけでなく、動かしたり光らせたりする作品など、いろいろ作ってきました。

2-2 人工衛星の情報で、正確な時間を入手

さて、前置きが長くなりましたが、「置き時計」を作ります。

　最近は「腕時計」でも採用されているものがありますが、地球のまわりを飛んでいる「人工衛星」から、正確な時間情報をいただきます。

　使う部品はこれだけです。

「GPS時計」の部品

・Arduino
・NEO-6M　GPSモジュール
・1602　LCDモジュール
・220Ω　抵抗
・1kΩ　可変抵抗

　あとは、試作用の汎用基板などの小物ですね。

*

　「GPSモジュール」と「LCDモジュール」は、電力消費がそれほど多くないので、この後で紹介する回路図とは少し違って、実際にはUSB接続したArduinoからの「5Vアウトプット電源」で駆動しています。

2-3 「GPS時計」の回路図

いつもお世話になっている「fritzing」で回路図を作りました。

＊

「LCDモジュール」への配線数が多いですが、「GPSモジュール」への配線は
わずか3本です。

これだけで「正確な時間情報」がいただけるなんて、嬉しいですね。

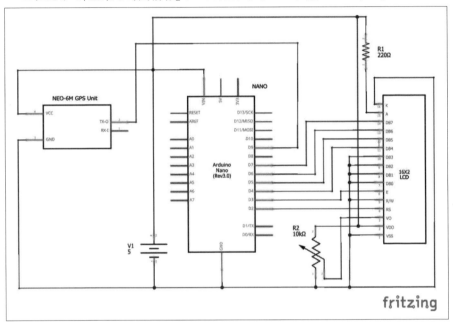

GPS clock 1604 LCD_回路図

2-4 組み立て

ハンダ付けは大変なのですが、便利な道具があると、ずいぶん楽になります。

若かりし頃は、横着なやり方もしていましたが、分別ができる年頃になって
から、便利な道具に助けてもらうことを覚えました。

＊

電線同士のハンダ付けなど、「もう一本手が欲しい」と思いながら苦戦してい
ましたが、**クリップ付きの「ハンダごて台」**があると、本当に楽です。

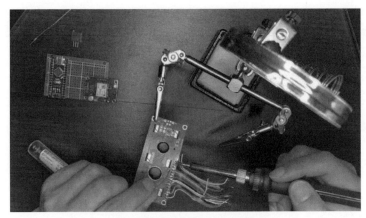

クリップ付き「ハンダごて台」で楽に作業

　クリップに助けられながら完成したところで、お部屋のテレビ台に置いてみると、こんな感じです。

USBで駆動する「GPS置き時計」

　きちんと、秒単位で正確に働いています。
　青色の背景に白い文字が浮かび上がっていて、雰囲気も良いですね。

＊

　ちなみに、この「GPS時計」は、電源を入れた後、表示するまで少しだけ時間がかかりますが、一度電波を受信したあとは、今のところ表示が止まったりすることはありません。

　アウトドアなら問題なく、また室内で「置き時計」として使うにも、電波が受信しやすい窓際のような場所であれば、大丈夫でしょう。

2-5 「GPS時計」のスケッチ

　私がこれまで作ってきた作品の中では、おそらく最もシンプルな「スケッチ」(プログラム)です。

　バンコク時間に合わせたスケッチになっているので、日本時間を表示する場合は、6行目の、

```
#define time_offset 25200 // define a clock offset of
3600*7 seconds (7 hour) ==> TH = UTC + 7
```

の部分を、

```
#define time_offset 32400 // define a clock offset of
3600*9 seconds (9 hour) ==> JP = UTC + 9
```

にします。

　スケッチは、「TinyGPS++」と、「Arduino Time Libraries」のライブラリをネット上からインストールさせていただいて使います。

「GPS時計」のスケッチ(Arduino言語)

```
#include <TinyGPS++.h>
#include <TimeLib.h>
#include <SoftwareSerial.h>
#include <LiquidCrystal.h>
TinyGPSPlus gps;
#define time_offset  25200  // define a clock offset of
3600*7 seconds (7 hour) ==> TH = UTC + 7
#define S_RX    9
#define S_TX    8
SoftwareSerial SoftSerial(S_RX, S_TX);
LiquidCrystal lcd(2, 3, 4, 5, 6, 7); // LCD connections (RS,
E, D4, D5, D6, D7)

// variable definitions
char Time[]  = "00:00:00";
char Date[]  = "2000/00/00";
byte last_second, Second, Minute, Hour, Day, Month;
int Year;

void setup(void)
{
```

```
  SoftSerial.begin(9600);

  lcd.begin(16, 2);

// welcome display
  lcd.setCursor(0, 0);
  lcd.print("  GPS  CLOCK   ");
  lcd.setCursor(0, 1);
  lcd.print("ARDUINO  POWERED");

  delay(5000);
  lcd.clear()  ;
}

void loop()
{
  while (SoftSerial.available() > 0)
  {
    if (gps.encode(SoftSerial.read()))
    {
// get time from GPS
      if (gps.time.isValid())
      {
        Minute = gps.time.minute();
        Second = gps.time.second();
        Hour   = gps.time.hour();
      }

// get date from GPS
      if (gps.date.isValid())
      {
        Day   = gps.date.day();
        Month = gps.date.month();
        Year  = gps.date.year();
      }

      if(last_second != gps.time.second())
      {
        last_second = gps.time.second();
        setTime(Hour, Minute, Second, Day, Month, Year);
        adjustTime(time_offset);
```

```
// update time
        Time[6] = second() / 10 + '0';
        Time[7] = second() % 10 + '0';
        Time[3] = minute() / 10 + '0';
        Time[4] = minute() % 10 + '0';
        Time[0] = hour()   / 10 + '0';
        Time[1] = hour()   % 10 + '0';

// update date array
        Date[2] = (year()  / 10) % 10 + '0';
        Date[3] =  year()  % 10 + '0';
        Date[5] =  month() / 10 + '0';
        Date[6] =  month() % 10 + '0';
        Date[8] =  day()   / 10 + '0';
        Date[9] =  day()   % 10 + '0';

// show time & date
        print_wday(weekday());
        lcd.setCursor(4, 0);
        lcd.print(Time);
        lcd.setCursor(0, 1);
        lcd.print(Date);
    }
  }
 }
}

// for displaying day of the week
void print_wday(byte wday)
{
  lcd.setCursor(11, 1);  // move cursor to column 5, row 1
  switch(wday)
  {
    case 1:  lcd.print("(SUN)");    break;
    case 2:  lcd.print("(MON)");    break;
    case 3:  lcd.print("(TUE)");    break;
    case 4:  lcd.print("(WED)");    break;
    case 5:  lcd.print("(THU)");    break;
    case 6:  lcd.print("(FRI)");    break;
    default: lcd.print("(SAT)");
  }
}
```

＊

本当に短い「スケッチ」ですね。
今回は、簡単に自作できる「GPS時計」の紹介でした。

早くキャンプに持っていきたい！

電波が届かないキャンプ地でも正確な時計

　それでは最後に、皆様がお家時間もアウトドア時間も楽しまれるよう、祈念
しております。

第3章

「タッチセンサ」で「PC」を操作

■ **hobbyhappy**

センサ類で何かを検知して「LEDを光らせる」ことや、センサ類で検知して「モータを動かす」などは、「Arduino」(マイコン)であれば比較的簡単にできます。
ただし、「キーボード操作」や「マウス操作」などはちょっとクセがあるので、今回ご紹介していきます。

ちなみに、今回ご紹介するのは、「タッチセンサに触れたら、キーボードで文字を入力する」というものです。

サイト名	「ホッピーブログ」
URL	https://www.hobbyhappyblog.jp/
記事名	「センサーの入力を検知してキーボード・マウス操作する(Arduinoならできる!)」

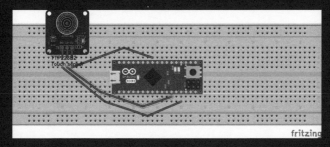

Arduinoでキーボード入力するための配線図

3-1 「Arduino完結型」だとどんなイメージ？

「Arduino完結型」は、パソコンを必要としないシステムで、動作が完結するイメージです。

たとえば、以前、筆者のブログで記事にした「タクトスイッチ」を使った実験などは、「タクトスイッチ」「Arduino」「LED」「5V電源」だけあれば、動作します。

もちろん「Arduino」に「スケッチ」と呼ばれる「プログラミング・コード」を書き込むときはパソコンが必要になりますが、一度書き込んでしまえば、内容はArduino本体に保持され、「5V電源」を投入するだけで勝手に動作します。
マイコンの基本動作ですね。

今回やりたいことは、「センサからパソコンを操作すること」なので、ちょっと異なります。

3-2 今回のテーマだとどんなイメージ？

今回は、「パソコンの制御」になるのですが、イメージとしては、"Arduinoを「仮想キーボード」と「仮想マウス」にする"という感じです。

もちろんパソコンへの通信が必要になるので、基本はケーブルで「パソコンとArduinoはつなぎっぱなし」になります。

自分で「自作キーボード」を作る人もいるくらいなので、Arduinoはすでに情報がたくさんありますし、なんなら標準で搭載されている「ライブラリ」にキーボード操作やマウス操作もあるので、割と簡単に制御が可能です。

3-3 今回必要になるもの

・「Arduino Leonard」または「pro Micro」
・タッチセンサ
・ブレッドボード(配線周り)

■「Arduino Leonard」または「Arduino pro Micro」

ここはすごく重要です。
Arduinoなら、なんでもキーボードやマウスの操作ができるわけではありません。

具体的な例を出すと、「ArduinoUNO」や「Arduino pro mini」などは、通常は使えません。
やりようはあるようですが、お手軽にはできないらしいです。

ですから、ちょっと遊んでみたい人は「Arduino Leonard」か、「Arduino pro Micro」を購入してください。

Arduino pro Micro

*

ちなみに、「Arduino pro mini」と「Arduino pro Micro」は、見た目がほぼ一緒です。

それなのに、なぜ「Arduino pro mini」だけ「キーボード操作」や「マウス操作」ができないのかというと、プロセッサの違いにあります。

この画像をよく見てください。

プロセッサのところに、小さく名前が書いてあります。

ProMicroのプロセッサ拡大図（プロセッサに印字された文字に注目）

この「pro Micro」に書かれている、「32U4」が肝です。

逆を言ってしまえば、「32U4」が搭載されているArduinoであれば**キーボードやマウスが操作可能**になります。

■タッチセンサ

Arduinoが準備できたところで、「**センサ**」の紹介です。

「センサ」のセットか何かで手元にあった「タッチセンサ」です。

もちろん、このセンサは、「タクトスイッチ」でもいいですし、「トグルスイッチ」でもかまいません。

とりあえず、Arduino側に「ON/OFF」を入力できるものであれば、なんでもOKです。

最悪の場合、「5V」をとりあえず「digitalPin」に挿しても、まあ何とかなります……。

■ブレッドボード(配線周り)

「配線方法」とArduinoに書き込むプログラムを紹介していきます。

センサの「配線周り」は、ご自分のもっているセンサにきちんと合わせてください。
さいね。

3-4 | 「Arduino」と「センサ」の配線方法

筆者の手元にあった「タッチセンサ」は、「タッチ面」を手前にして「ブレッドボード」に挿した状態で、左から順に「GND」「VCC」「SIG」となっていました。

その通りに配線したのが、このような感じの**配線図**です。

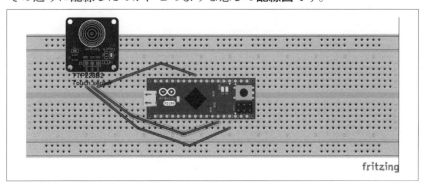

タッチセンサとArduinoの配線

センサの信号線は「pin5」につなげています。

これでタッチセンサが反応したら、「pin5」がHighになる仕組みです。

3-5 Arduinoに書き込むスケッチ

それでは「Arduinoでキーボードを操作する」ためのスケッチ(プログラム)を紹介します。

*

先ほど配線のところでもお伝えしましたが、筆者の場合はセンサが接続されているのが5番pinなので「pin5」を監視しています。

もちろん変更しても配線ごと変更すれば動きます。

キーボード操作のプログラム(Arduino言語)

```
#include <Keyboard.h>;
const int sensorPin=5;
int counter=0;
void setup() {
  Keyboard.begin();
  pinMode(sensorPin,INPUT_PULLUP);
}
void loop() {
  // put your main code here, to run repeatedly:
  if(digitalRead(sensorPin)==LOW){
    counter=0;
    }
  else{
   if(counter==0){
    counter++;
    Keyboard.println("auchi!!");
    Keyboard.write('\n');
    delay(100);
    }
  }
}
```

最初に記述した「**Keyboard.h**」ですが、こちらは「標準のライブラリ」なので、書けば通ります。

ここで通らない場合は、ライブラリを更新するか、もしくはArduinoが対応しているか、つまり、「32U4」のプロセッサを搭載しているかを確認してください。

　繰り返しになりますが、「Arduino UNO」などはプロセッサが異なるので、そのまま使えません。

　書き込み時にエラーになります。

＊

　次に、定義している「counter」ですが、こちらは「センサ入力」があったときに、1回だけ検知するために使います。

　センサに長い入力があった場合でも1回とするためです。

　人によってタッチする長さは異なるでしょうが、回数としては1回なので。

　「loop」の中での「if文」ですが、こちらはタッチされた瞬間にキーボードで文字入力し、直後に改行動作をしています。

　「counter」を1上げているのは、連続でキー操作されるのを防ぐためです。

　また、センサに出力がない場合は、「counter」を0にして「初期化」しています。

　「初期化」することによって、センサへの入力があったときに、1回だけ「if文」の「True」に入ります。

＊

　本章では「Arduino pro micro」を使って、キーボード操作をしてみました。

　「Arduino UNO」ではできない、というところが引っかかるポイントかと思いますが、それ以外は、意外とすんなりという感じですよね。

第4章

焚き火風LEDランタン

キャンプで、「そろそろ寝ようかな～」というときに、大自然に囲まれていた雰囲気とテント内の雰囲気のギャップに、少しガッカリしたことがあります。

火気が使えないテント内では、LEDの灯りなどを使うことになりますが、目に刺さるような白色に日常を感じてしまい、焚き火の炎に照らされて醸成されていたリラックスモードが、一気になくなってしまったような気分に……。

＊

そこで今回は、テント内でも使える「焚き火の炎」を作って、キャンプファイヤーの光を、どこでも手軽に楽しめるようにしてみます！

サイト名	「ソロでたのしむ」
URL	https://www.solocamptouring.com/
記事名	「テント内で焚き火！っぽいランタンの炎を楽しむ」

4-1　ランタンを見つめ続けた結果！

キャンプ用の「LEDランタン」は、停電などの非常時にも使えますよね。

私は、屋内ではいつも目につく場所に置いて、来たる次回のキャンプに備えてときどき充電したり、来てほしくない非常時に備えたりしています。

キャンプや夜釣りでも活躍していた「LEDランタン」ですが、唯一の欠点が「明るすぎる」ことです。

「キャンプ用LEDランタン」を改造します

焚き火などの穏やかな明るさに慣れた状態で、この光量を直視してしまうと、目が焼けるように感じます。

もっとキャンプで使いたくなるランタンにしたいと思いつつ、キャンプに行かないお家生活で、視野に入れるように置き続けていて、ふと思いつきました。

「炎のように光らせたら、室内とキャンプのどちらでも、良い雰囲気作りができる！」

少し前になりますが、「フロアランプ」を"焚き火風"に光らせることができたので、それより少ないLEDを使えばいいランタンの改造は、難しくはないはずです。

さっそく、炎をランタンに封入してみましょう。

4-2　　　　「LEDランタン」を改造

「炎の光パターン」を作るために、5Vで駆動するマイコンを使います。

　2年ほど使い続けているこのランタンは、もともと白色LEDが使われており、またUSB (5V)で充電できるものなので、電源系はそのまま使えそうです。

■炎のランタン作成に使うもの

　まずは、「WS2812B」が一定間隔で配置されている「カラーLEDテープ」を準備しました。

WS2812Bで炎を作ります

　写真には2種類の「カラーLEDテープ」が写っています。
　今回は、少ないスペースに、多くのLEDを埋め込みたいので、外側でぐるぐるっとしている、LEDの間隔が少ないものを使います。

　材料として他に入手したのは、「炎のパターン」を作るために働いていただく、「Arduino」だけです。

　配線類などの副資材は、すでにあるものや廃材を利用します。

■「LEDランタン」の中身

　自己責任となるので、少しドキドキしながら、「LEDランタン」を分解します。

＊

　赤色の配線が「プラス」、青色の配線が「マイナス」……かと思いきや、一箇所だけ「赤色のマイナス線」がありますね。

（自己責任で）LEDランタンを分解

茶色の基板（写真左）；電源管理
青色の円柱（写真中央）；リチウム電池
緑色の基板（写真右）；スイッチ管理とLEDの定電流化

ということのようです。

（自己責任で）LEDランタンを改造

　回路の電圧を測ってみると、4V以上は出ている様子で、ギリギリですが思惑どおり「Arduino」も動かせそうです。

　本来であれば5Vまで昇圧すべきですが、とりあえず、オリジナルの回路をそのまま使って、様子を見ましょう。

　とはいえ、少しだけ電源として使いやすくしておきます。

　もともとのLEDには「定電流ダイオード」を通して電源が供給されていましたが、「Arduino」と「WS2812B」には、「定電流ダイオード」を通さずに電源供給して、たくさん働いていただきます。

＊

　大まかな回路構成が分かったので、もともとのLEDを「WS2812B」に交換して、光り方を制御する「Arduino」を追加する作業に進みます。

■「Arduino」と「WS2812B」を配線しましょう

　「LEDランタン」には「白色LED」が3本使われていたので、同じ長さになるように切断した「WS2812B」テープ3本を、直列で配線します。

＊

　今回使うのは7個×3列の、合計21個のWS2812Bですね。

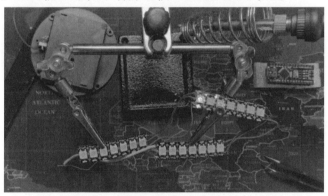

「WS2812B」を3列に並べて使います

　「Arduino」から「WS2812B」への信号線は「黄色の配線」（写真○中の配線）1本のみ。

〇で囲った配線が「WS2812B」への信号線

　他には、それぞれに電源線2本を接続するだけです。

*

　作業の途中で、「Arduino」の「デジタルピン」ではなく、「アナログピン」に信号線をハンダ付けしてしまうというトラブルがあったものの、"サクサクッ"と修正のハンダ付けも終わらせて、準備しておいた「スケッチ」を書き込みます。

ランタンのLEDを「WS2812B」に改造

　さて、電源を入れて試運転してみましょう。

「WS2812B」の炎パターン

……イメージしていたとおりに光っています！

いつも思うのですが、この瞬間の安堵と嬉しさは、格別です。

　しっかり動作することが分かったので、後はランタンを組み立て直すだけですが、より「炎っぽさ」を表現するために、「シェード」のようなものを追加しておきます。

　LEDの点光源感がバレてしまうと炎としては不自然なので、「ボカシ」を入れるイメージです。

　「シェード」には、よくある梱包材を"廃材利用"しました。

ランタンにシェードを入れて、点灯

　上の写真はシェード1枚での発光の様子ですが、まだ「点光源感」が残っていたので、二重の「シェード」を入れることにしました。

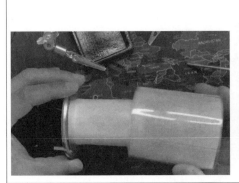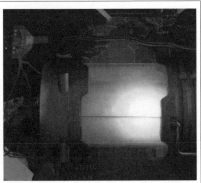

シェードを二重に入れて点灯

＊

完成状態での点灯チェック!

本物の炎のようで、しばらく見入ってしまいました。

※光り方、および作業の模様は以下の動画でも紹介しています。

Arduino project #12 "Camp fire in a LED lantern"

https://www.youtube.com/watch?v=y5aSWnKFE9Q

4-3 　　　　　　　　　　回路

fritzingで回路図を作成してみました。

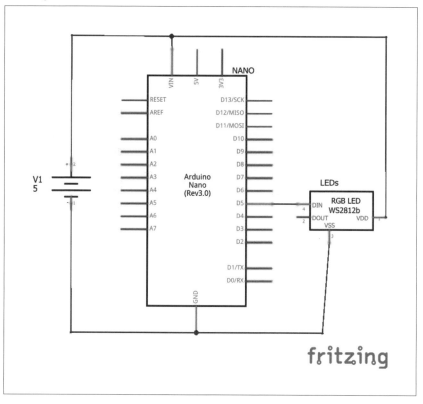

「焚き火風LEDランタン」の回路図

「**WS2812B**」は、必要な配線数が少なくて、いいですね!

4-4 スケッチ

ご参考までに、「Arduino」のスケッチ（プログラム）です。

「WS2812B」を使うため、GitHubの「FastLED」ライブラリを使わせていただきました。

炎の発光は、「Fire2012WithPalette」の「スケッチ」を応用させていただきます。

「焚き火風LEDランタン」のプログラム（Arduino言語）

```
#include "FastLED.h"
#define DATA_PIN     5
#define LED_TYPE     WS2812
#define COLOR_ORDER GRB
#define HEIGHT 7
#define WIDTH 3
#define NUM_LEDS HEIGHT*WIDTH
#define lighting_PER_SECOND 30 // Mainly for fire frame
pattern

CRGB leds[NUM_LEDS];
CRGBPalette16 gPal;

int BRIGHTNESS = 20;
int scaleVol = 230; // Scale the heat value from 0-255
int SPARKING = 220; //50-200 out of 255
int COOLING = 50; // 20-100: Less = taller flames.  More =
shorter flames.

bool gReverseDirection = false;

void setup() {
  delay(1000); //delay for recovery
  FastLED.addLeds<LED_TYPE, DATA_PIN, COLOR_ORDER>(leds,
NUM_LEDS).setCorrection(TypicalLEDStrip);
  FastLED.setBrightness(BRIGHTNESS);
}

void loop()
{
```

```
  gPal = CRGBPalette16( CRGB::Black, CRGB::Red,
CRGB::Yellow, CRGB::White);
  static uint8_t heat[NUM_LEDS]; // Array of temperature
readings

  // Cool down every cell a little
    for( int i = 0; i < NUM_LEDS; i++) {
      heat[i] = qsub8( heat[i],  random8(0, ((COOLING * 10)
/ HEIGHT) + 2)); //heat-randam8 with a floor of 0
    }

  // Heat from each cell drifts 'up' and diffuses a little
    for( int k= HEIGHT - 1; k >= 2; k--) {
      heat[k] = (heat[k - 1] + heat[k - 2] + heat[k - 2] )
/ 3;
      heat[2*HEIGHT-1-k] = (heat[2*HEIGHT-1-k + 1] +
heat[2*HEIGHT-1-k + 2] + heat[2*HEIGHT-1-k + 2] ) / 3;
      heat[2*HEIGHT+k] = (heat[2*HEIGHT+k - 1] +
heat[2*HEIGHT+k - 2] + heat[2*HEIGHT+k - 2] ) / 3;
    }

    //  Randomly ignite new 'sparks' of heat near the
bottom
    if( random8() < SPARKING ) {
      int x = random8(6);
      int y ;
      if(x > 3){
        y = 2*HEIGHT-4+x;
      } else if(x > 1){
        y = 2*HEIGHT+1-x;
      } else {
        y = x;
      }
      heat[y] = qadd8( heat[y], random8(160,255) ); //
heat+randam8
    }

    // Map from heat cells to LED colors
    for( int j = 0; j < NUM_LEDS; j++) {
      uint8_t colorindex = scale8( heat[j], scaleVol);
      CRGB color = ColorFromPalette( gPal, colorindex);
```

```
    int pixelnumber;
    if( gReverseDirection ) {
      if(j < HEIGHT){
        pixelnumber = (HEIGHT-1) - j;
        }else if(j < 2*HEIGHT){
        pixelnumber = HEIGHT+j;
        }else{
        pixelnumber = (3*HEIGHT-1) - j;
        }
    } else {
      pixelnumber = j;
    }
    leds[pixelnumber] = color;
  }

// Let's light them now
  random16_add_entropy( random());
  FastLED.show();  // send the 'leds' array out to the
actual LED strip
  FastLED.delay(1000 / lighting_PER_SECOND);
// End of lighting

}
```

以前に作ったフロアランプは「WS2812B」を4列配置しましたが、今回のランタンは3列です。

*

また、今回は「発光パターン」を「赤色の炎」だけに限定したので、「ランタンのスケッチ」は、フロアランプのものに比べて、たいへん短くなっています。

*

最後に、「ランタン」と「フロアランプ」の炎を並べて、記念撮影。

どちらも、なかなか良い雰囲気で、他の明かりを消して、室内で楽しんでいます。

夜に外から見たら、怪しいと思われているかもしれませんね。

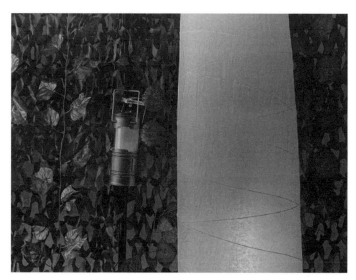

炎パターンで光るランタンとフロアランプ

第5章

「ミニ扇風機」を作る

■omoroya

本章では、「DCモータ」と「トランジスタ」の組み合わせによる「DCモータの制御」を学習します。

また、「DCモータ」を「シリアル・モニタ」からテンキーで制御して、「ミニ扇風機」を作ります。
そう、「ミニ扇風機」です！
考えるだけで楽しくなってきました。

サイト名	「おもろ家」
URL	https://omoroya.com/
記事名	「Arduino 入門 Lesson 26【DCモータ編】」

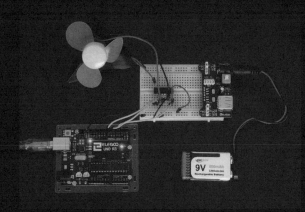

ミニ扇風機

5-1 「DCモータ」の基本

「DCモータ」は、「ミニ4駆」や「ラジコン」など、子供のときに遊んだオモチャに使われています。

子供のころは、「モータ」と言えば「TAMIYA」だったという記憶があります。

「DCモータ」は「モータ」そのものなので、制御回路などは組み込まれていません。

しかし、電圧を制御することで回転速度を変えることはできます。

*

ちなみに、「制御回路」が組み込まれているのが「サーボ・モータ」です。

「サーボ・モータ」は内部にモータの制御回路などが組み込まれています。

そのため、回転角度をArduinoで簡単に制御できるようになっています。

*

「DCモータ」を「Arduino」で制御する場合、「DCモータ」の電流に注意する必要があります。

使う「DCモータ」の「データシート」を必ず確認してください。

Arduinoの「DC Current per I/O Pin」の仕様を公式HPで再確認すると、下記に示すように「20mA」となっています（以前は「40mA」と記載されていたのですが……）。

Microcontroller	ATmega328P
Operating Voltage	5V
Input Voltage (recommended)	7-12V
Input Voltage (limit)	6-20V
Digital I/O Pins	14 (of which 6 provide PWM output)
PWM Digital I/O Pins	6
Analog Input Pins	6
DC Current per I/O Pin	20 mA
DC Current for 3.3V Pin	50 mA

「DC Current per I/O Pin」の仕様

下記ページの「Tech specs」の項目にて、確認できます。

Arduino Uno Rev3
https://store.arduino.cc/usa/arduino-uno-rev3

＊

DCモータの「電流値」は使うモータによってさまざまです。
ものによっては、「数百mA」程度を必要とします。

「20mA」の出力電流であるArduinoのIOピンに「数百mA」の負荷を接続すると…。
はい、壊れる可能性大です。
「DCモータ」を「Arduino」に直接つなぐのはやめましょう。

本章では、それを回避するために、「ドライバIC」を間にはさみます。

また、DCモータはArduinoで直接扱うには「電流値」が大きいです。
そのため、DCモータに別に電源を供給するための「電源モジュール」も使います。

本章の目標は以下です。
(1)「モータ・ドライバIC」(L293D)を理解する。
(2)「L293D」を使ったDCモータの制御を理解する。
(3)「ミニ扇風機」のような動作をするスケッチ(コード)を作る。
遊ぶことを最大の目標に楽しみましょう！

5-2 準備

では、準備に取り掛かりましょう。

接続は簡単です。
頑張って組み上げていきましょう。

■必要なもの

・USB接続用のPC (IDE統合環境がインストールされたPC)
・「UNO R3」(以下UNO)、UNO互換品 (ELEGOO)
・PCとUNOを接続するUSBケーブル
・ブレッドボード
・DCモータ
・電源モジュール
・電源モジュールに供給する電源 (9Vの電池など)
・モータ・ドライバIC (L293D)
・M-M Jumper wire (UNOと部品をつなぐための配線)

「DCモータ」は「ホームセンター」などで購入してもいいでしょう。

「ジャンパ・ワイヤ」(Jumper wire)は頻繁に利用します。
　できれば、「オス-メス」「オス-オス」「メス-メス」の3種類を揃えておくこと
をお勧めします。
　短めのほうが使いやすい場合もあります。

「ジャンパ・ワイヤ」(「メス-メス」「オス-メス」「オス-オス」の3種類)

　抵抗、LEDなどを個別でセット品を購入しても、そんなに使わないという方は、「電子工作基本部品セット」が使い勝手がいいです。

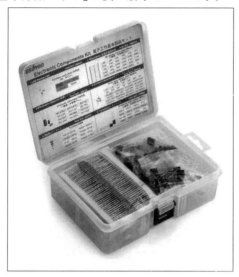

「電子工作基本部品セット」LED 5色(オソヨー)

5-3　　　　　使用部品説明

部品について説明していきます。

・DCモータ
・電源モジュール
・モータ・ドライバIC (L293D)

■DCモータ

写真が、「DCモータ」です。

一緒に写っているのは「ファン」です。
モータに取り付けて、扇風機のようにします。

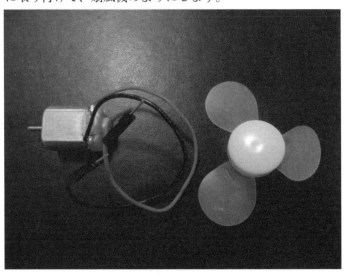

「DCモータ」と「ファン」

●「DCモータ」の仕様

今回使っているのは「ELEGOO UNO キット」に梱包されていた「DCモータ」
ですが、型番などの記載はありませんでした。
そのため、仕様がまったく分かりません。
しょうがないので、テスタを使って自分で調べました。

電圧の使用範囲は3V～6Vと記載がありました。

消費電流はテスタで測定。

電圧と消費電流

電圧[V]	電流[mA]
4.8 (※乾電池3個分ぶんの直列電圧)	57

測定した結果、電圧「4.8V」で電流は「約57mA」となりました。
「約60mA」程度と考えておけば問題ないでしょう。

■電源モジュール

次の**写真**が、「電源モジュール」です。

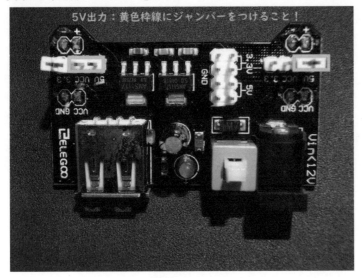

電源モジュール

●「電源モジュール」の仕様

本章で使う「電源モジュール」の仕様は以下となります。

・ON/OFF スイッチ
・ON/OFF 確認用のLED付き
・接続：5.5mm × 2.1mm プラグ
・入力電圧：6.5V〜9V(DC)
・出力電圧：3.3V/5.0V
・最大出力電流：700mA
・サイズ：約53mm × 35mm

本章では、5.5mm × 2.1mm プラグから9Vの電池で電源を供給します。

Tips 電源を分ける

「Arduino」と「電子部品」の電源を分けることは、Arduinoの損傷を防ぐことにつながります。

また、大電流を必要とする電子部品を使う場合も重宝します。

ぜひ、何個かは確保しておきたい電子部品です。

「電源モジュール」の使い方に関しては、下記で詳細を解説しています。

Arduino 入門 番外編 14【ブレッドボード用電源モジュール】
https://omoroya.com/arduino-extra-edition-14/

■モータ・ドライバIC（L293D）

こちらが、「L293D」の実物となります。

L293D

●モータ・ドライバIC（L293D）仕様

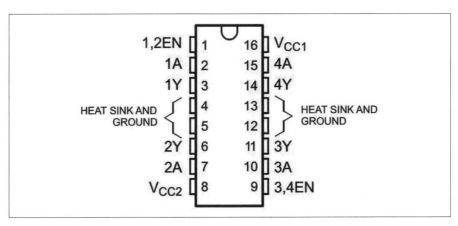

ドライバIC「L293D」の外観

ピン仕様

PIN		入出力	内 容
ピン名	ピンNO.		
1,2EN	1	I	Enable（ドライバ ch1、ch2）　Active：High ch1：1A/1Y ch2:2A/2Y
A<1:4>	2,7,10,15	I	入力ピン
Y<1:4>	3,6,11,14	O	出力ピン
3,4EN	9	I	Enable（ドライバ ch3、ch4）　Active：High ch3:3A/3Y ch4:4A/4Y
GND	4,5,12,13	—	GNDピン
VCC1	16	—	5V（内部ロジック用）
VCC2	8	—	4.5V〜36V（ドライバ用）

絶対定格

	Min	Max	単 位
VCC1	—	36	V
VCC2	—	36	V
入力電圧 Vi	—	7	V
出力電圧 Vo	-3	VCC2+3	V
ピーク出力電流	-1.2	1.2	A
出力電流 Io	-600	600	mA
最大接合温度	—	150	℃

推奨動作条件

		Min	Max	単 位
電源電圧1	VCC1	4.5	7	V
電源電圧2	VCC2	VCC1	36	V
VIH	VCC1 ≦ 7V	2.3	VCC1	V
VIH	VCC1 ≧ 7V	2.3	7	V
VIL	—	-0.3	1.5	V
動作温度	—	0	70	℃

●ブロックダイアグラム

図中のMは「モータ」、IC内の△マークは「バッファ」です。

筆者は、図中△内の数字1、2、3、4を「ch1」「ch2」「ch3」「ch4」のバッファ
と呼んでいます。

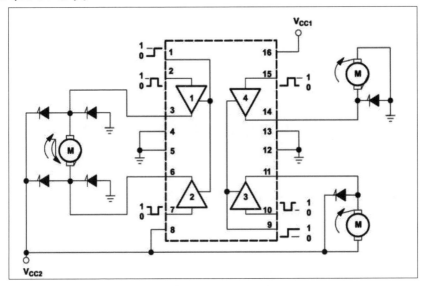

「ミニ扇風機」のブロックダイアグラム

詳細なデータシートを確認したい方は以下を参照してください。

L293D データシート、製品情報、サポート| TI.com
http://www.tij.co.jp/product/jp/L293D/technicaldocuments

*

上記仕様から、「L293D」は「4.5V〜36V」の電圧範囲において、最大「±
600mA」の出力電流で負荷を駆動できるということが分かります。

本章で使う「DCモータ」は「約60mA」程度の消費電流となっています。
「L293D」には充分な負荷駆動能力の性能があることが分かります。

*

本章では「ch1」と「ch2」を使います。

モータを「正回転」「逆回転」させるためです。
そのため、「ブロックダイアグラム」にある左側の結線図を参考にします。

1つのモータを「ch1」「ch2」のバッファを使って制御するということです。
回転を「正回転」のみ、または「逆回転」のみとする場合には、使う「ch」は1つでかまいません。

その場合は、モータ負極を「GND」に接続するなどしてください。

| Tips | 「ブロックダイアグラム」中の「保護ダイオード」について |

電流を流していたコイルの電流を切ると、逆方向に電流が流れます。
これは「逆起電力」と呼ばれるもので、インダクタの特性の一つです。
この逆起電力ですが、場合によっては供給した電圧の数十倍の電圧が発生することもあり、電子部品を破壊する原因となります。

この逆起電力からトランジスタを守るのが「保護ダイオード」となります。
「L293D」ではIC内に「保護ダイオード」が内蔵されており、外付けする必要はありません。

5-4　実践　「回路作成」と「コード作成」

最初に、**回路図**を確認してください。
次に、**回路図**に合わせて部品を接続します。
最後に、コードを書いて、DCモータを動かしていきましょう。

■回路図

DCモータの「＋」をドライバIC（**L293D**）の「ch1」の出力（3番ピン）、「－」を「ch2」の出力ピン（6番ピン）に接続します。

Arduinoはデジタルピンの7、5、3番ピンを使います。

7：「L293D」の1番ピン（Enableピン）
5：「L293D」の2番ピン（CH1バッファ入力）
3：「L293D」の7番ピン（CH2バッファ入力）

回路図がこちらです。

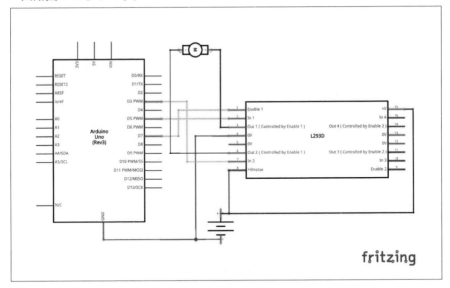

「ミニ扇風機」の回路図

こちらがブレッドボード図です。

※「M-M jumper wire」のみで結線できます。

「電源モジュール」には「DCプラグ」から9Vの電池でつなぎます。

「ブレッドボード」への電源供給は、電源モジュールの左上、左下にある「＋」「－」端子をブレッドボードの上下の「VCC」と「GND」に挿入することで供給されます。

※電源モジュールの出力は5Vとします。
　ジャンパーは5Vと記載された黄色枠側につけてください。

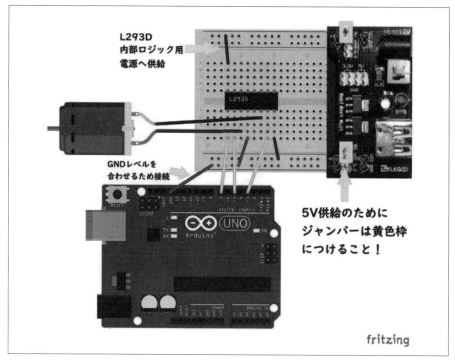

「ミニ扇風機」のブレッドボード図

回路図とブレッドボード図の作成には「fritzing」を利用しています。

図に示すように、用意した部品を使って接続しましょう。

部品は「電源モジュール」と「ドライバIC」(L293D)となります。
「M-M jumper wire」を使って「UNO」と接続しましょう。

使うポートは、デジタルピンの「3、5、7」です。
穴に挿入しづらいときは、ラジオペンチなどを使ってください。

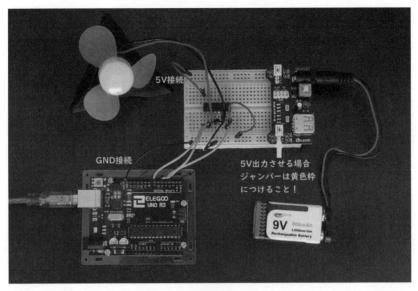

5V接続

GND接続

5V出力させる場合
ジャンパーは黄色枠
につけること！

部品の接続

■コードの書き込み

接続が終わったら、USBケーブルを使って「UNO」にプログラムを書き込んでいきましょう。

コードを書き終えたら、いつでも利用できるように「ファイル」⇒「名前を付けて保存」で保存しておきましょう。

●コマンド説明

コマンド	説　明
analogWrite(pin, value)	指定したピンからアナログ値(PWM波)を出力します。 Unoのボードでは、デジタルピン3、5、6、9、10、11でこの機能が使えます。

■サンプル・コード

「サンプル・コード」を下記に示します。

シリアル・モニタからテンキーの数字を押すことで、DCモータの回転を制御するコードを作ってみました。

「低速」「中速」「高速」は「analogWrite()関数」を利用しています。
「パルス変調」を利用することで、疑似的に0V～5Vの中間値を作り出す制御です。

Tips　低速で回転させるためのコツ

「パルス変調」を利用する場合、「DCモータ」を低速で動かすにはちょっとしたコツが要ります。
それは、「回転させるためのきっかけ」です。
コードのコメントに記載しているので、確認してみてください。

「ミニ扇風機」のプログラム（Arduino言語）

```
//Lesson 26 DCモータ編
//https://omoroya.com/

// 電子部品は電源モジュールとドライバIC (L293D) を使用

// 変数の設定
const int ENABLE = 7;
const int CH1 = 5;
const int CH2 = 3;

void setup() {
  //Pinの方向を定義
  pinMode(ENABLE,OUTPUT);  // 7番ピンをOUTPUT指定
  pinMode(CH1,OUTPUT);     // 5番ピンをOUTPUT指定
  pinMode(CH2,OUTPUT);     // 3版ピンをOUTPUT指定
  Serial.begin(9600);

  //シリアル・モニタに説明を表示
  Serial.println("1:Normal rotaion");
```

```
  Serial.println("2:Reverse rotation");
  Serial.println("4:PWM Low speed");
  Serial.println("5:PWM Middle speed");
  Serial.println("6:PWM High speed");
  Serial.println("0:STOP");

  // 初期化 DCモータが突然動きださないように
  digitalWrite(ENABLE,LOW); // disable
  delay(500);
}

void loop() {
  if (Serial.available() > 0 )        // 受信したデータが存在した場
合以下を実行
  {
    char val = Serial.read();         // char文字として受信データ
の読み込み


    // 1の場合 正回転 CH1:High CH2:LOW
    if (val == '1')
    {
      Serial.println("1:Normal rotaion");
      digitalWrite(ENABLE,HIGH); // enable on
      digitalWrite(CH1,HIGH);
      digitalWrite(CH2,LOW);
      //delay(500);                    // 回転している時間を指定
      //digitalWrite(ENABLE,LOW);  // disable
    }

    // 2の場合 逆回転
    else if (val == '2')
    {
      Serial.println("2:Reverse rotation");
      digitalWrite(ENABLE,HIGH); // enable on
      digitalWrite(CH1,LOW);
      digitalWrite(CH2,HIGH);
      //delay(500);                    // 回転している時間を指定
      //digitalWrite(ENABLE,LOW);  // disable
    }
```

```
    // CH1をPWM制御することで回転スピードを調整
    // 4の場合 低速回転
    else if (val == '4')
    {
      Serial.println("4:PWM Low speed");
      digitalWrite(ENABLE,HIGH); // enable on
      analogWrite(CH1,255);      // 低速で回転させるためのきっかけ
      delay(100);                // 低速で回転させるための調整時間
      analogWrite(CH1,127);      // CH1をパルス変調 約50%
      digitalWrite(CH2,LOW);     // CH2はLow固定
    }

    // 5の場合 中速回転
    else if (val == '5')
    {
      Serial.println("5:PWM Middle speed");
      digitalWrite(ENABLE,HIGH);  // enable on
      analogWrite(CH1,255);       // 低速で回転させるためのきっかけ
      delay(100);                 // 低速で回転させるための調整時間
      analogWrite(CH1,181);       // CH1をパルス変調 約75%
      digitalWrite(CH2,LOW);      // CH2をLow固定
    }

    // 6の場合 高速回転
    else if (val == '6')
    {
      Serial.println("6:PWM High speed");
      digitalWrite(ENABLE,HIGH);  // enable on
      analogWrite(CH1,255);       // パルス変調 100%（High固定
と同じ）
      digitalWrite(CH2,LOW);      // CH2はLow固定
    }

    // 0の場合 停止
    else if (val == '0')
    {
      Serial.println("0:STOP");
      digitalWrite(ENABLE,LOW); // disable
    }
  }
}
```

5-5 　　　　　　　　　　動作確認

　では、さっそく動作を確認していきます。

*

　「シリアル・モニタ」を開いてテンキーの数字を押してみてください。

1：正回転
2：逆回転
4：低速回転
5：中速回転
6：高速回転
0：停止

となるはずです。

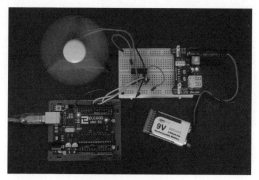

正回転する「ミニ扇風機」

*

　今回は以下の内容について理解してもらいました。

---

(1)モータ・ドライバIC (**L293D**) を理解する。
(2)「**L293D**」を使ったDCモータの制御を理解する。
(3)「ミニ扇風機」のような動作をするスケッチ(コード)を作る。

　いかがだったでしょうか。
　「ミニ扇風機」、作れましたでしょうか。

　スケッチ(コード)を考えながら、「作るって面白いな〜」と改めて実感しました。

　DCモータの制御は、扇風機だけでなくいろんなことができそうですね。

第**6**章

「自動運転ロボットカー」の作り方

■疋田啓吾

こんにちは！　疋田啓吾です。
普段は電子工作をやりながら、その情報発信をブログで行なっています。
そんな私も、電子工作を始めて2年ほど経過しました。

そこで、2年前、私が人生で初めて電子工作で作った「ロボットカー」を、紹介していきたいと思います。

サイト名	「メタエレ実験室」
URL	https://hellobreak.net/
記事名	「【Arduino】自動運転ロボットカーの作り方」

ロボットカー

6-1 材料

■Arduino Mega

　「Arduino Uno」だと「モータ・ドライバ」が全ての「gpioピン」を使ってしまうため、「Arduino Mega」を使います。

Elegoo MEGA 2560 R3

■モータ・ドライバ

　「モータ・ドライバ」を使うと、簡単にプログラムを書けます。

　「ピンヘッダ」をハンダ付けする必要があるので、もっていない方はそちらも用意してください。

モータ・ドライバ

■モータ

　タミヤのシリーズを買うと、プラモデルみたいにロボットを組み立てられるので、初心者におすすめです。

ダブルギヤ・ボックス

■ボディ

　タミヤの「ユニバーサル・プレート」に、「モータ」や「キャタピラ」を固定します。

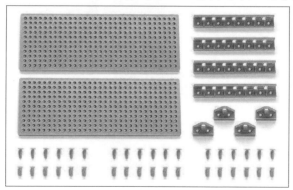

ユニバーサル・プレート

　キャタピラがやっぱりかっこいい！

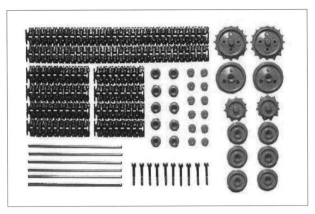

トラック＆ホイール

■電池（3V）

モータ駆動用の電池です。

モータの定格が3Vなので、電池2つを使います。

電池ボックス

■サーボ・モータ

「超音波センサ」を乗せて、首振り機能を付けるのに使います。

デジタル・マイクロサーボ SG90

■超音波センサ

自動運転の要となるセンサです。

障害物との距離を測定して、壁にぶつからないように走行することが可能となります。

超音波距離センサ

■モバイル・バッテリ

　Arduinoに電源を供給するための「モバイル・バッテリ」があると、パソコンと線でつながなくてもいいので、より「ロボット感」が出ます。

　ほとんどの「モバイル・バッテリ」が「Arduino」で動作します。
　「モバイル・バッテリ」と「Arduino」をUSBで接続して、「Arduino」に電力を供給します。
　ロボットカーに乗るような小型のものがおすすめです。

■あると便利なもの

　「グルーガン」があると、サーボ・モータとボディの固定などに便利です。
　また、「電子工作」と親和性が高いので、もっておくと、今後も役に立ちます。

　「100均」でも売っていますが、使い心地がよろしくないので、1000円程度のものを買うことをおすすめします(作業効率が100倍になります)。

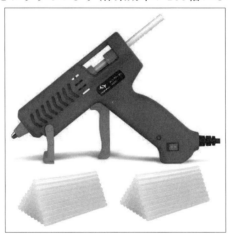

グルーガン

6-2 ロボットカーの組み立て

タミヤの「ダブルギヤ・モータ」「ユニバーサル・プレート」「トラック＆ホイール」を組み合わせて、ロボットカーのボディを組み立てます。

説明書が入っているので、それを読みながらフィーリングで作れます。

写真は組み立て方の一例なので、自由に作ってください。

ボディを組み立てる

6-3　配線

■「モータ・ドライバ」の接続

「モータ・ドライバ」の配線は、このようになっています。

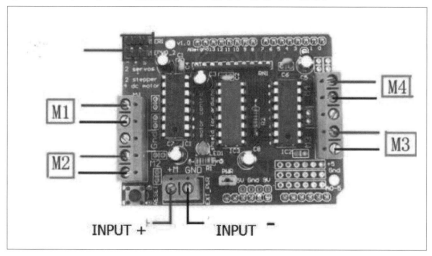

「モータ・ドライバ」の配線

　この中で使うものは、「M1」「M2」「INPUT+」「INPUT-」です。
　また、超音波センサとサーボ・モータの「電源ピン」を「モータ・ドライバ」からとりたいので、ピンヘッダをハンダ付けしてください。

　私の場合は、「M1」に「左側のモータ」、「M2」に「右側のモータ」を接続しました。

　また、「INPUT」は「モータの電源」を接続します。
　つまり、電池ボックスのコネクタを接続します。

■全体の配線

配線したロボットカーの全体図

順に部分ごとに説明していきます。

●モータの接続部

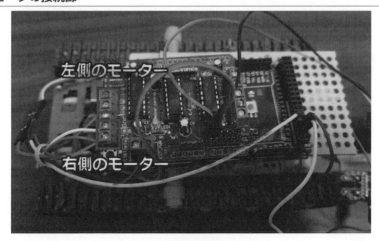

モータの接続

●電池ボックスの接続

電池ボックスの「＋」(赤)と「－」(黒)のコネクタを接続します。

電池の接続

●「超音波センサ」と「サーボ・モータ」

「超音波センサ」と「サーボ・モータ」の「VCC」と「GND」を、「モータ・ドライバ」上の「5V」と「Gnd」に接続します。

また、超音波センサの「Trigピン」を「gpio52」に、「Echoピン」を「gpio50」に、サーボ・モータの「PWMピン」を「gpio46」に接続します。

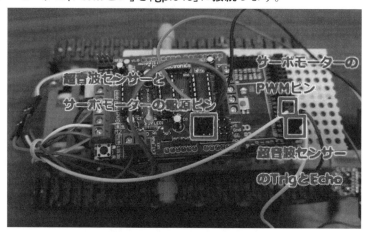

超音波センサとサーボモータの配線

以上で配線は終了です。

■ロボットカーの完成

「電池」「Arduino」「サーボ・モータ」をグルーガンで固定したら、ロボットカーの完成です。

完成したロボットカー

6-4 「モータ・ドライバ」の「ライブラリ」のインストール

続いて、ソフト側の準備に移行します。

手 順 「モータ・ドライバ」の「ライブラリ」を導入する

[1] Arduinoを開いて、「スケッチ」⇒「ライブラリをインクルード」⇒」「ライブラリを管理」をクリックします。

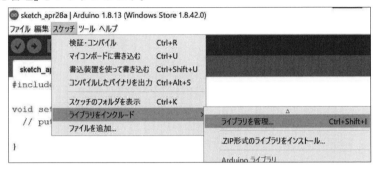

「ライブラリを管理」をクリック

[2]検索窓で「adafruit motor」と入力して「Enter」を押します。

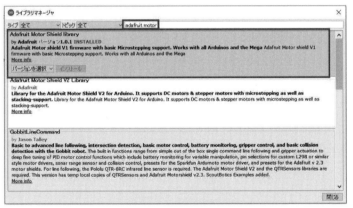

「adafruit motor」を検索

[3]いちばん上に出てくるものを、インストールしてください。
（上の画像では、すでにインストールした画面になっています）。

6-5 プログラム

　このプログラムで動きはしますが、電子工作の初心者が書いたものなので汚いコードです。

ロボットカー制御プログラム(Arduino言語)

```
#include <Servo.h>
#include <AFMotor.h>
#define echoPin 50 // Echo Pin
#define trigPin 52 // Trigger Pin
#define servoPin 46 //servo Pin
#define point 30 //距離の基準

double Duration = 0; //受信した間隔
double Distance[9]; //距離 50°から130までの距離を10°ずつに9個の
値を格納

Servo myservo;

AF_DCMotor motorleft(1);
AF_DCMotor motorright(2);

int pos[9]={50,60,70,80,90,100,110,120,130};  //サーボの角度
50°から130°までの9個値を格納

int i=0;  //角度のカウント関数

int N=0;    //90°の時の値
int R=0;    //60°の時の値
int R1=0;   //80°の時の値
int L=0;    //120°の時の値
int L1=0;   //100°の時の値

int q=0;    //状態関数  q=0->静止  q=1->直進

void setup() {
  Serial.begin( 9600 );

  myservo.attach(servoPin);

  motorleft.setSpeed(100);
```

```
  motorleft.run(RELEASE);
  motorright.setSpeed(100);
  motorright.run(RELEASE);

  pinMode( echoPin, INPUT );
  pinMode( trigPin, OUTPUT );
}

void loop() {
  for (i=0; i<=8; i++){   //カウンタ関数を進めて配列に格納
  myservo.write(pos[i]);       //サーボを回転
  digitalWrite(trigPin, LOW);
  delayMicroseconds(2);
  digitalWrite( trigPin, HIGH ); //超音波を出力
  delayMicroseconds( 10 ); //
  digitalWrite( trigPin, LOW );
  Duration = pulseIn( echoPin, HIGH ); //センサからの入力
  if (Duration > 0) {
    Duration = Duration/2; //往復距離を半分にする
    Distance[i] = Duration*340*100/1000000; // 音速を340m/s
に設定

    //評価する3つの値をそれぞれ格納
    N=Distance[4];
    R=Distance[1];
    L=Distance[7];
    R1=Distance[3];
    L1=Distance[5];

    Serial.print("angle:");
    Serial.print(pos[i]);
    Serial.print("     ");
    Serial.print("Distance:");
    Serial.print(Distance[i]);
    Serial.println(" cm");

    if(i==0) delay(300);    //50°から130°までは距離があるため
    else delay(50);
}
  }
```

```
switch(q){
  case 0 :
  if(point<N&&point<R1&&point<L1){
  motorleft.run(FORWARD);
  motorright.run(FORWARD);
  q=1;   //状態
  delay(500);
}

else if(N<point&&L>R){
  q=2;
}

else if(N<point&&R>=L){
  q=5;
}

else{
  motorleft.run(BACKWARD);
  motorright.run(BACKWARD);
  delay(500);
  motorleft.run(RELEASE);
  motorright.run(RELEASE);
}
break;

case 1 :
if(point<N&&point<R1&&point<L1){
  motorleft.run(FORWARD);
  motorright.run(FORWARD);
  delay(300);
}

else if(point>=N||point>=R1||point>=L1){
  motorleft.run(RELEASE);
  motorright.run(RELEASE);
  q=0;
  delay(500);
}
break;
```

```
  case 2 :       // 左回転

    motorright.run(FORWARD);
    motorleft.run(BACKWARD);
    delay(1000);
    motorright.run(RELEASE);
    motorleft.run(RELEASE);
    q=0;
  break;


  case 5 :       // 右回転

    motorleft.run(FORWARD);
    motorright.run(BACKWARD);
    delay(1000);
    motorleft.run(RELEASE);
    motorright.run(RELEASE);
    q=0;
  break;

  default :
    motorleft.run(BACKWARD);
    motorright.run(BACKWARD);
    delay(1000);
    motorleft.run(RELEASE);
    motorright.run(RELEASE);
    q=0;
    break;
  }
}
```

＊

2年前に動かした動画がyoutubeにアップしてあります。
気になった方は、ぜひ見てください。

ロボットカーの動画
https://www.youtube.com/watch?v=lOiETH8ED-4

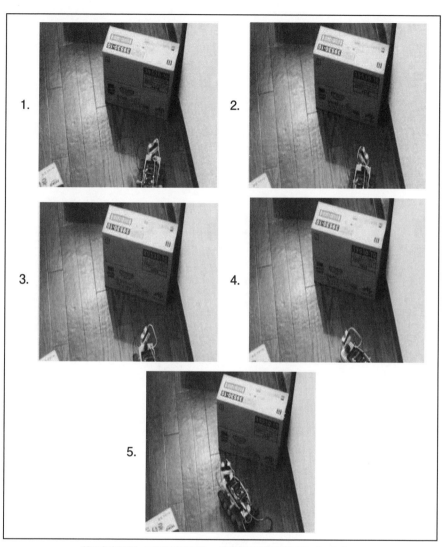

首を左右に振って周囲を走査し、障害物を避けて進むロボットカー

第**7**章

「電動開閉テーブル」の自作

■できるもん

電動で「スライド格納」するテーブルの自作。
ジムニーの助手席を「ステッピング・モータ」で豪華にします。

サイト名	「ソロでたのしむ」
URL	https://www.solocamptouring.com/
記事名	「電動でスライド格納するテーブルの自作。ジムニーの助手席をステッピングモーターで豪華にします」

電動スライド開閉式のテーブル

7-1　初代の「固定式テーブル」

　JB23ジムニーの助手席への「固定式テーブル」設置に失敗して、しばらく時間が経ってしまいました。

　助手席の人から「カップホルダーがない！」との悲痛な声が多くなってきたので、そろそろ「カップホルダー付きのテーブル」を、初代よりも進化させて自作します。

＊

　写真は、助手席からの評判も良かったのですが、短期間しか使わなかったテーブルです。

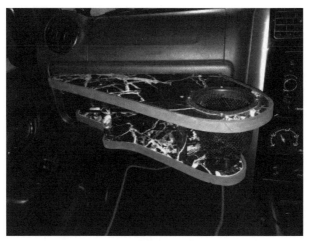

初代の固定式テーブル

　初代のコンセプトは、
・ペットボトルホルダー付き
・助手席の乗降の邪魔にならない
の2点でした。

　「固定位置」を上下方向で2カ所設定して剛性を出そうとしたので、勢いで2階建てになっています。
　そのために上側のテーブル面が、「エアバック」の展開に影響しそうな位置になってしまい、安全上の問題があったので、すぐに外すことになりました。

　その後は、いいアイデアを思いつくまで「ペットボトルホルダー」はあきらめて、ソーラーパワー腕時計の「充電スタンド」をつけた板を、テーブルの代わりに置いていました。

テーブルの代わりの板

7-2 　今回の「自作テーブル」のコンセプト

　さて、第2世代のテーブルは、初代のときに欠点となっていた「エアバック」への影響をなくします。

　また、蓋で密閉できるペットボトルは対象とせず、コンビニで手軽に買えるカップコーヒーが置けることを目指します。

・「カップホルダー」付き
・助手席の乗降の邪魔にならない
・エアバックの展開を阻害しない

　この3点をコンセプトとして、今回のテーブルを自作します。

7-3 テーブルの構造を決める

　まず、「カップホルダー」は市販のものをテーブル面上に、最後に固定することにします。

　後から取り替えもできるので、テーブル自体が完成するまでは、あまりこだわらないことにします。

　テーブル面は「格納式」にして、乗降性とエアバック展開の条件をクリアします。

　さらに、高級感をだすために、「電動スライド開閉式」に挑戦します。

■「スライドテーブル」の奥行き

　JB23ジムニーの「グローブボックス」上にある凹形状の奥行きは、約10cmです。

　「グローブボックス」の扉面から少しくらい飛び出していても、乗降性に影響しないことは判っているので、テーブルの台座となる板の奥行きは15cmとします。

　台座となる奥行き15cmの板を、MDFから切り出しました。

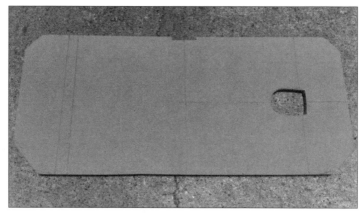

台座になる板

テーブル面は「アクリル板」にして、その下に配置する機構部やArduinoなどの「LED光」が見えるようにします。

何か使えそうな物はないかと探してみたところ、もう使わなくなっていた「サンバイザー」が出てきました。

ちょうどいい大きさの「サンバイザー」

この「サンバイザー」、横幅もちょうどいいので、外形は加工せずにそのまま使います。

■テーブルの「スライドレール」

テーブルを滑らかに動かすためのレールを、安価な引き出し用の「スライドレール」から探してみましたが、汎用品は20cm以上の大きなものばかりでした。

スライド長さ10cm以下では、アルミの押し出し材を使ったものを唯一見つけたので、さっそく2個注文しました。

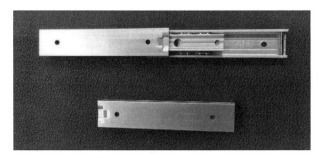

小さなスライド構造DIYに最適な、約8cm長のスライドレール

取り付け用の小さなネジを別に入手しないといけませんが、レール自体は滑らかに動き、強度も充分にありそうです。

7-4 「電動格納部」の自作

■ステップモータ「28BYJ-48」を使う

今回の作品のキモとなる「電動開閉機構」は、「ステップモータ」(ステッピング・モータ)をArduinoで制御する機構を自作します。

ステップモータ「28BYJ-48」は、5Vと12V駆動のものがあります。
今回は重力の影響を受けない水平方向の動きで、回転速度も遅くていいので、5V駆動のものを使ってみます。

ステップモータ「28BYJ-48」をArduinoで制御して、「電動開閉テーブル」を自作

■スライド機構

台座の両側に、電動開閉機構部と当たらない高さまで壁をつけて、「スライドレール」を取り付けます。

テーブルを取り付ける側は、L字断面の「プラスチック押し出し材」をつけておきます。

「プラスチック押し出し材」をつけておく

台座となる板は、モータとギヤ用の「かさ上げ板」を追加して、黒く塗装しておきました。

■電動開閉機構

まずは、「ステップ・モータ」の出力を「ギヤ」で減速します。
ギヤは、壊れたプリンタから外したものを、加工して使います

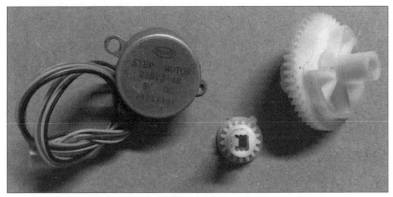

ステップモータ「28BYJ-48」に合うギヤを、廃品のプリンタからリサイクル

　不必要に長い軸や邪魔な出っ張りの部分を切り落として、ヤスリで表面を整えました。

＊

　減速したドリブン側のギヤにアームを付けて、開閉方向の動きに変えます。

「ステップ・モータ」で開閉する機構

■Arduinoと「ステップモータ・ドライバ」、「ULN2003」を使う回路

　「fritzing」で回路図を作りました。

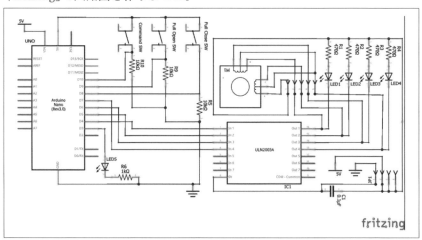

Arduinoと「28BYJ-48」を使う回路図

　回路図の右半分は、ステップモータ「28BYJ-48」と、その「**ULN2003 ドライバー　モジュール**」の完成品を入手して使っています。

＊

　テーブルを電動開閉するアームの位置情報を得るために、「全開時」と「全閉時」に押される位置に「ポジション・スイッチ」(リミットスイッチ)を使います。

　それぞれスイッチが「オン」のときは「HIGH」(5V)、オフの時はプルダウン抵抗でLOW (約0V)の信号をArduinoに送ります。

　操作用の「モメンタリー・スイッチ」も、別に1個使います。

　LEDは、モータを動かす間だけ光るようにスケッチ(プログラム)を書きます。

　ブレッドボード上で動作確認してから、汎用基板で回路を作り台座に搭載しました。

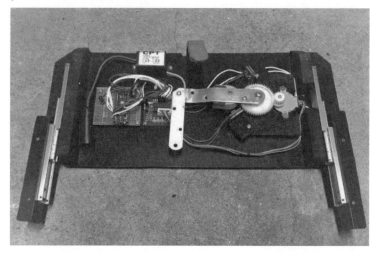

「ポジション・スイッチ」や「モメンタリー・スイッチ」を取り付ける

※「ポジション・スイッチ」の動作の様子は以下の動画でもご確認いただけます。
ポジションスイッチ動画
https://www.youtube.com/watch?v=8JuNzHRkCGo&t=1s

7-5 制御方法

Arduinoで、テーブルの開閉をコントロールします。

開閉の状態切り替え命令は、「モメンタリー・スイッチ」を使って、押した順番に、

(1) 全閉。

(2) 開く方向に動かす。途中でスイッチが押されることなく全開したら(5)に移行。

(3) (開作動中にスイッチが押されたら) 止める。

(4) 閉じる方向に動かす。全閉したら(1)に移行。

(5) 全開。

(6) 閉じる方向に動かす。途中でスイッチが押されることなく全閉したら(1)に移行。

(7) (閉作動中にスイッチが押されたら) 止める。

(8) 開く方向に動かす。全開したら(5)に移行。

の状態に切り替えます。

途中状態が多くなっていますが、何か挟まったときなどの非常時に、ボタンを押せば止められて、さらにボタンを押せば反転して動くようにするために、合計8パターンの状態を推移するようにしました。

*

電源投入時は、「全閉／全開検出スイッチ」の状態によって、

・全閉状態なら(1)

・全開状態なら(5)

・途中状態なら(7)

から始めます。

*

途中で止まっている状態で電源を入れた場合は、テーブル上に飲み物などがあるかもしれないので、次に操作スイッチを押したら開く側の動きにします。

スケッチ(プログラム)は最後に紹介します。

7-6 完成

スケッチをArduinoに書き込んだら、車に取り付けて動かしてみます。

定電圧で低回転速度をつくれるステップモータだからできる、静かで力強い動きです。

ゆったりとしつつも力強く開閉する
（動画：https://youtube.com/watch?v=EZG2ODVmCNU
Arduino project #4「車の助手席用の電動格納テーブルをつくる」Making auto-open/close table
for passenger seat of car）

　「出力軸」の形状が特殊なのでギヤの入手が難しいですが、その問題をクリアできれば「28BYJ-48」は、静かにゆっくり動かしたいものを自作するときに重宝するモータです。

「電動格納テーブル」のプログラム（Arduino言語）

```
int operationledPin = 3;      //  operation indicator led
output
int motorclosePin = 8;     // full close position sw input
int motoropenPin = 9;      // full open position sw input
int operationswPin = 10;    // operation sw input
int powerOnled = 12;     // power on LED

int motorPin1 = 4;      // Blue   - 28BYJ48 pin 1
int motorPin2 = 5;      // Pink   - 28BYJ48 pin 2
int motorPin3 = 6;      // Yellow - 28BYJ48 pin 3
int motorPin4 = 7;      // Orange - 28BYJ48 pin 4
                        // Red    - 28BYJ48 pin 5 (VCC)

int motorSpeed;
int count = 0;            // count of steps made
int speedcontr = 0;
int countstop = 320; // counts to stop to avoid heat
int conditionNumber = 0; // 0:close  1:move to open  2:stop
to close  3:move to close  4:open  5:move to close  6:stop
to open  7:move to open
int lookup[8] = {B01000, B01100, B00100, B00110, B00010,
B00011, B00001, B01001};

void setup() {
  pinMode(operationledPin,OUTPUT) ;
  pinMode(motorclosePin,INPUT) ;
  pinMode(motoropenPin,INPUT) ;
  pinMode(operationswPin,INPUT) ;
  //declare the motor pins as outputs
  pinMode(motorPin1, OUTPUT);
  pinMode(motorPin2, OUTPUT);
  pinMode(motorPin3, OUTPUT);
  pinMode(motorPin4, OUTPUT);
  Serial.begin(9600);
```

```
   if (digitalRead(motoropenPin) == HIGH){
   conditionNumber = 4; // table is open
   } else if (digitalRead(motorclosePin) == HIGH){
   conditionNumber = 0; // table is close
   } else {
   conditionNumber = 6; // table is middle next open
   }
 digitalWrite(powerOnled , HIGH);
}

void loop() {

if (digitalRead(operationswPin) == HIGH) {
    if(conditionNumber<7){
    conditionNumber++;
    }else {
    conditionNumber = 0;
    }
    delay(50);
    while(digitalRead(operationswPin)==HIGH){}
}

if(conditionNumber == 0){
  if (digitalRead(motorclosePin) == HIGH){
  digitalWrite(operationledPin, LOW);
  digitalWrite(motorPin1,LOW);
  digitalWrite(motorPin2, LOW);
  digitalWrite(motorPin3, LOW);
  digitalWrite(motorPin4, LOW);
  count = 0;
  } else {
  digitalWrite(operationledPin, HIGH);
  speedcontr = (3*count);
  motorSpeed = (2000+speedcontr);
  anticlockwise();
  count++;
  }
}else if(conditionNumber == 1){
  if (digitalRead(motoropenPin) == HIGH){
  digitalWrite(operationledPin, LOW);
```

```
  digitalWrite(motorPin1,LOW);
  digitalWrite(motorPin2, LOW);
  digitalWrite(motorPin3, LOW);
  digitalWrite(motorPin4, LOW);
  count = 0;
  conditionNumber = 4;
  } else {
  digitalWrite(operationledPin, HIGH);
  speedcontr = (3*count);
  motorSpeed = (2000+speedcontr);
  clockwise();
  count++;
  }

}else if(conditionNumber == 2){
  digitalWrite(operationledPin, LOW);
  digitalWrite(motorPin1,LOW);
  digitalWrite(motorPin2, LOW);
  digitalWrite(motorPin3, LOW);
  digitalWrite(motorPin4, LOW);
  count = 0;

}else if(conditionNumber == 3){
  if (digitalRead(motorclosePin) == HIGH){
  digitalWrite(operationledPin, LOW);
  digitalWrite(motorPin1,LOW);
  digitalWrite(motorPin2, LOW);
  digitalWrite(motorPin3, LOW);
  digitalWrite(motorPin4, LOW);
  count = 0;
  conditionNumber = 0;
  } else {
  digitalWrite(operationledPin, HIGH);
  speedcontr = (3*count);
  motorSpeed = (2000+speedcontr);
  anticlockwise();
  count++;
  }

} else if(conditionNumber == 4){
  if (digitalRead(motoropenPin) == HIGH){
```

```
    digitalWrite(operationledPin, LOW);
    digitalWrite(motorPin1,LOW);
    digitalWrite(motorPin2, LOW);
    digitalWrite(motorPin3, LOW);
    digitalWrite(motorPin4, LOW);
    count = 0;
    } else {
    digitalWrite(operationledPin, HIGH);
    speedcontr = (3*count);
    motorSpeed = (2000+speedcontr);
    clockwise();
    count++;
    }

}else if(conditionNumber == 5){
    if (digitalRead(motorclosePin) == HIGH){
    digitalWrite(operationledPin, LOW);
    digitalWrite(motorPin1,LOW);
    digitalWrite(motorPin2, LOW);
    digitalWrite(motorPin3, LOW);
    digitalWrite(motorPin4, LOW);
    count = 0;
    conditionNumber = 0;
    } else {
    digitalWrite(operationledPin, HIGH);
    speedcontr = (3*count);
    motorSpeed = (2000+speedcontr);
    anticlockwise() ;
    count++;
    }

}else if(conditionNumber == 6){
    digitalWrite(operationledPin, LOW);
    digitalWrite(motorPin1,LOW);
    digitalWrite(motorPin2, LOW);
    digitalWrite(motorPin3, LOW);
    digitalWrite(motorPin4, LOW);
    count = 0;

}else if(conditionNumber == 7){
    if (digitalRead(motoropenPin) == HIGH){
```

```
        digitalWrite(operationledPin, LOW);
        digitalWrite(motorPin1,LOW);
        digitalWrite(motorPin2, LOW);
        digitalWrite(motorPin3, LOW);
        digitalWrite(motorPin4, LOW);
        count = 0;
        conditionNumber = 4;
        } else {
        digitalWrite(operationledPin, HIGH);
        speedcontr = (3*count);
        motorSpeed = (2000+speedcontr);
        clockwise();
        count++;
        }
}
}

void anticlockwise()
{
  for(int i = 0; i < 8; i++)
  {
    setOutput(i);
    delayMicroseconds(motorSpeed);
  }
}

void clockwise()
{
  for(int i = 7; i >= 0; i--)
  {
    setOutput(i);
    delayMicroseconds(motorSpeed);
  }
}

void setOutput(int out)
{
  digitalWrite(motorPin1, bitRead(lookup[out], 0));
  digitalWrite(motorPin2, bitRead(lookup[out], 1));
  digitalWrite(motorPin3, bitRead(lookup[out], 2));
  digitalWrite(motorPin4, bitRead(lookup[out], 3));
}
```

補章

「Arduino」の底面を保護する

■ hobbyhappy

「Arduino」に限らず、電気工作をしていると「ショート」(短絡)するのが怖いですよね。
ショートすると、基板が焼けたり、最悪、火事になることも…。

私もショートが怖いので、Arduinoに対策を施してみました。

サイト名	「ホビーハッピーブログ」
URL	https://www.hobbyhappyblog.jp/
記事名	「Arduinoの底面を自作で保護した話～ショート防止～」

底面を保護した「Arduino」

補-1 | Arduinoの底面はそのままだとショートし放題

Arduinoの底面

どうでしょうか。

ハンダ剥き出しで、そのまま金属の板の上などに置いたらショートしますね。

気を付けて金属の板などに置かないようにすればいいのですが、人間ですから、ちょっとした拍子で置いてしまうこともあります。

特に、金属製の机を使っている人は、危険度MAXです。

置くだけでショートします。

何らかの対策をしないと、怖いですね。

「Arduino Mega」だと、底面はこんな感じなので、さすがに保護してあげないと、まずそうです。

Arduino Megaの底面

補-2 | 既製品のケースで、底面を保護してもいいけど…

実は、Arduinoのケースは、Amazonなどの通販サイトで購入可能です。
たとえばこういうものですね。

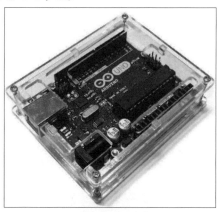

既製品のArduino用ケース

これを購入すれば解決なのですが、注意点もあります。

実は、この手のケースは、純正のArduinoの「基板の穴位置」に合わせて固定
するようになっています。

つまり、私のように互換品を使っている場合、最悪、穴位置がズレていて固
定できません。

純正と穴位置が同じか確認するのがそもそも面倒なので、基本は自作してし
まったほうがいいわけです。

それに、Megaなど他のタイプのArduinoを購入した場合、またケースが必
要になります。

…というわけで、自作しました。

補-3　　自作に使う「工具」と「部品」

使う工具と部品をリストにしました。
こちらを参考にしてみてください。

各工具と部品については後ほど詳しく解説します。

・アクリル板
・プラスチック用カッター
・リューター
・樹脂製六角支柱

■アクリル板

今回は、「アクリル板」を使いました。

使用したアクリル板

　電気を通さない素材であればいいのでガラスなどでもいいですが、安くて見栄えが良くて、軽くて加工性もいい、となると「アクリル板」くらいしか思いつかなかったので、今回は「アクリル板」です。

■プラスチック用カッター

アクリル板はArduinoの大きさに合わせてカットする必要があります。
そのまま使ってもいいですが、大きすぎて邪魔なのでカットしましょう。

アクリル板のカットは、専用のプラスチック用カッターを使うといいです。
普通のカッターに比べて、作業性が格段に上です。

アクリル板専用のカッター

溝を掘って、最後は "ベキッ" と折る感じです。
最初は変に割れないか不安でしたが、溝がある程度深くなっていれば、きれいに折れました。
さすが「専用カッター」ですね。

■リューター

リューター

「アクリル板」の大きさが決まったところで、穴あけ作業が必要です。

「ハンドドリル」などでもできますが、作業性を考えると「リューター」にドリルをつけて穴あけしたほうが速いです。

リューターにドリルを装着

　「リューター」すべてにドリルが付いているわけでもないので、購入する人はドリルが入っているか、確認してからにしましょう。

　「ヤスリ」の先端などでも一応穴は開きますが、時間がかかるのでオススメできません。

　ちなみに、穴あけ作業中に出るカスは摩擦で高温になっているので、ヤケドに注意です。

■樹脂製六角支柱

　いよいよ「Arduino」と「アクリル板」をドッキングします。

　ここで「六角支柱」と呼ばれる、ネジが切ってある棒を使います。

all樹脂の「六角支柱」
強度もそこそこあります。

　電気を絶縁するのが最初の目的だったので、ここでは「樹脂製の六角支柱」を使うことにしました。

　「六角支柱」で調べると、「真鍮」や「ステンレス」などの金属製のものもあります が、電気関係でしか使う予定がない場合は、「樹脂製」で充分です。

　強度はどうしても金属製には劣るので、「ショートの恐れがない」かつ「強度 が必要な場合」は金属製がいいでしょう。

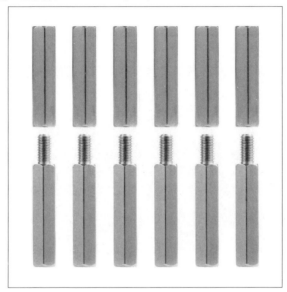

金属製の六角支柱

＊

実際に「アクリル板」で底面を保護した状態の、私の「ArduinoUNO」です。

ハンダ面を保護した「ArduinoUNO」

　安定感もあるし、何より「ショートするかも」という不安から解放されたので安心です。

＊

　「アクリル板」と「六角支柱」は、アイデア次第ではいろいろなことができます。

　こんな感じで、ジョイスティックの裏が触ると痛いので、コントローラを作ってみたこともあります。

自作のコントローラ

索　引

■筆者 & 記事データ

筆者	吉田　伸三
サイト名	「電子クラブ」
URL	https://www.denshi.club/

筆者	できるもん
サイト名	「ソロでたのしむ」
URL	https://www.solocamptouring.com/

筆者	hobbyhappy
サイト名	「ホビーハッピーブログ」
URL	https://www.hobbyhappyblog.jp/

筆者	omoroya
サイト名	「おもろ家」
URL	https://omoroya.com/

筆者	疋田啓吾
サイト名	「メタエレ実験室」
URL	https://hellobreak.net/

本書の内容に関するご質問は、
① 返信用の切手を同封した手紙
② 往復はがき
③ FAX (03) 5269-6031
　（返信先の FAX 番号を明記してください）
④ E-mail　editors@kohgakusha.co.jp
のいずれかで、工学社編集部あてにお願いします。
なお、電話によるお問い合わせはご遠慮ください。

サポートページは下記にあります。

［工学社サイト］
http://www.kohgakusha.co.jp/

I/O BOOKS

「Arduinoライブラリ」で作る電子工作

2021 年 11 月 30 日　初版発行　ⓒ 2021

※定価はカバーに表示してあります。

編　集　I/O 編集部
発行人　星　正明
発行所　株式会社 工学社
〒160-0004 東京都新宿区四谷 4-28-20 2F
電話　　(03) 5269-2041 (代) ［営業］
　　　　(03) 5269-6041 (代) ［編集］
振替口座　00150-6-22510

印刷：(株)エーヴィスシステムズ

ISBN978-4-7775-2172-2